숲

아
래
서

Sous la forêt : *Pour survivre il faut des alliés*

ⓒ humenSciences/Humensis, Sous la forêt, Pour survivre il faut des alliés, 2019
Korean Translation Copyright ⓒ 2022 Book's Hill Publishing
Arranged through Icarias Agency, Seoul

숲아래서
나무와 버섯의 조용한 동맹이 시작되는 곳

초판 인쇄 | 2022년 9월 15일
초판 발행 | 2022년 9월 20일
지은이 | 프랑시스 마르탱
옮긴이 | 박유형
감수자 | 주은정
펴낸이 | 조승식
펴낸곳 | 돌배나무
공급처 | 북스힐
등록 | 제2019-000003호
주소 | 01043 서울시 강북구 한천로 153길 17
전화 | 02 - 994 - 0071
팩스 | 02 - 994 - 0073
홈페이지 | www.bookshill.com
이메일 | bookshill@bookshill.com
ISBN 979-11-90855-37-2
값 16,000원

* 이 도서는 돌배나무에서 출판된 책으로 북스힐에서 공급합니다.
* 잘못된 책은 구입하신 서점에서 교환해 드립니다.

숲

아래서

나무와 버섯의 조용한
동맹이 시작되는 곳

프랑시스 마르탱 지음
박유형 옮김
주은정 감수

피에르와 루카, 티보에게

무성한 나무 아래 어둑한 숲길을 오래도록 걷기를……

차례

우리에게 들리지 않는 나무와 버섯의 대화

1장 나무 세계

나무는 행여 다른 나무를 건드릴까 조심스레 가지를 뻗으며 빛을
향해 뻗어나간다. 잎은 하늘에 윤곽을 그리며 무성히 돋아나지만
절대 이웃을 침범하는 법이 없다. 나무는 무럭무럭 자라고 나무들
사이에는 적당한 간격이 확보된다. 이렇듯 나무는 관대하다. 숲은
무수히 많은 개체로 이뤄진 완전한 유기체다.

실뱅 테송(Sylvain Tesson)의 『아주 고요한 동요 : 2014~2017 일기』

아름다운 가을날, 프랑스 북동쪽 보주Vosges 산기슭에 넓게 펼
쳐진 부송Bousson 국유림을 찾았다. 브주즈Vezouze강 줄기를 따라 굽이
진 오솔길을 오르다보면 푸른 전나무 사이로 너도밤나무와 자작나

무가 금빛으로 반짝이고, 나무들은 한데 어울려 깊은 골짜기를 울긋불긋 장식한다. 시월의 아침 햇살을 받으며 이곳을 걸으니 모든 순간이 경이로움으로 가득 차고, 잠자던 감각들이 하나 둘 깨어난다. 눈부신 하늘을 향해 곧게 뻗은 전나무 가지 사이로 빛이 새어들고, 나는 따사로운 볕을 느끼며 간밤에 내린 비에 촉촉이 젖은 이끼를 살며시 밟는다. 산들바람이 불면 고동색 고사리와 높다란 황금빛 풀들은 부스럭부스럭 소리를 낸다. 낙엽과 고목, 풀 부스러기, 키 작은 나무들이 한데 엉켜 부식토를 형성하며 짙은 숨을 내쉬고 그 위로 피어난 버섯은 넓게 펼쳐진 갓에서 포자를 흩뿌린다.

나는 이성적 사고로 식물의 세계를 연구하고 분석하는 과학자다. 식물과 식물의 동맹인 미생물 사이에 존재하는 생물학적 복합성을 생리적 과정과 생화학적 반응, 유전자 프로그램에 근거하여 규명하고자 한다. 나는 지구에서 우리와 함께 호흡하고 있는 나무와 미생물의 연대를 이해하고, 이들의 구조와 기능을 파악하기 위해 지식을 축적한다. 하지만 무엇보다도 내가 애정을 기울이는 것은 숲의 정신적 지주나 다름없는 생명체, 바로 미생물이다. 이곳, 도농Donon 숲은 수백만 인구가 북적대는 대도시 로렌Lorraine이나 알자스Alsace에서 불과 두 시간 남짓 떨어져 있지만, 이곳에 있으면 숲의 수호신이 나를 지켜보고 있는 것 같은 신비로운 기운에 사로잡힌다.

나를 에워싼 수천 그루의 나무가 거대한 장관을 연출한다. 나무는 섬세한 감각을 지닌 유기적 공동체를 형성한다. 숨을 쉬고 양분을 얻으며 때로는 저항하고 때로는 협력한다. 인간이 알아들을 수 없는 그들만의 언어로 소통하고 아픔을 호소하기도 한다. 나무에게 의지나 의도를 표현할 줄 아는 능력이 있다는 주장은 터무니없게 들릴 것이다. 의식도 감정도 결단도 없는 나무는 자연선택의 법칙에 따라 삶을 영위하기 때문이다. 하지만 나무에게도 인간의 인지와는 확연히 구분되는 능력이 있고, 이를 통해 자신이 처한 환경을 이해하고 기억하며 적응해간다.

나무는 혼자가 아니다. 나무 한 그루 한 그루가 '나무 세계 arbre-monde'를 형성하고 있다. 나무는 수많은 동물에게 어린잎을 거처로 내주고 껍질에는 지의류와 이끼가 붙어살도록 허락하며, 뿌리에는 수많은 균류와 박테리아를 품는다. 이들은 하나의 공동체로 '홀로바이온트holobiont'를 형성한다. 그리스어로 '전체'를 의미하는 'holos'에 '생명체'를 의미하는 'bios'가 더해진 홀로바이온트는 인간이 장 속 미생물과 함께 살아가는 것과 유사한 개념이다. 얼기설기 얽힌 복잡한 숲 생태계에서 홀로바이온트라는 '슈퍼 유기체'는 이웃 나무들과 나무 아래 식물들, 버섯, 미생물 등 수많은 생명체와 끊임없이 상호작용한다. 나무는 다른 식물과 마찬가지로 혼자였던 적이 단 한 번도 없었다. 이를 두고 영국의 자연주의자, 데

이비드 애튼버러David Attenborough 경은 '오래된 나무는 고귀하다. 지구상의 그 어떤 존재도 이처럼 풍요로운 생명체로 구성된 집단의 숙주가 된 적이 없다'고 강조하기도 했다.

지구에 최초로 원시림이 등장한 것은 약 3억 6천만 년 전의 일이다. 포유류와 인류의 출현을 예고하는 진화의 여정이 이제 막 시작한 시점이었다. 데본기에 일부 원시 식물에서 목질이 탄생했다. 목질은 셀룰로오스와 리그닌의 미세 섬유가 단단한 밧줄 모양으로 엮인 결합체다. 태양빛을 쬐기 위해 최초의 키자람을 시도한 식물은 난생 처음 세포 바깥둘레에 리그닌을 축적하며 목질을 형성했다. 식물이 단단하고 견고해진 조직을 발판삼아 하늘로 도약한 결과, 최초의 나무가 등장하고 원시림이 형성됐다. 그러나 초기의 원시림은 충적 평야의 불안정한 수로를 따라 기다란 띠를 그릴 뿐 크게 번성하지는 못했다. 최초의 현대적 나무가 등장하고 진정한 의미의 '숲'이 형성된 것은 침엽수종의 기원인 아르카이오프테리스Archaeopteris가 출현하면서부터다. 몸집이 거대했던 아르카이오프테리스는 땅속으로 넓게 퍼진 뿌리를 갖고 있었고 뿌리의 작용이 토양 형성에 도움을 주었다. 이렇게 형성된 '개척자적' 숲은 지구의 모습을 재구성하며 새로운 서식 환경을 조성했다. 그리고 이를 원동력으로 무척추동물들이 다양하게 분화하며 대륙을 점령하기 시작했다.

어떤 나무는 불멸의 비밀을 알고 있기라도 한 듯 수 세기 동안 살아 숨 쉰다. 영국 북웨일스 란저니우Llangernyw 마을의 주목, 칠레의 알레르스 나무, 이란 아바르쿠Abarkuh의 사이프러스, 캘리포니아의 브리슬콘소나무는 수령이 4천 7백 년도 더 되었다. 그러니까이 나무들이 싹을 틔울 때 인간은 티그리스강과 유프라테스강으로 건너와 수메르 땅에서 세계 최고最古의 문명을 창조했던 것이다. 오늘날 지구에는 대략 3조 그루의 나무가 있다. 인간보다 3백 배 더 많은 나무는 남극을 제외한 모든 대륙에 분포한다. 나무는 인간이 '숲'이라고 명명하는 '나무가 밀집된 광활한 대지'에서 녹색 공동체를 이루며 산다. 숲이 다양한 기능을 수행하는 존재로 여겨지면서 산림 개발은 수많은 논쟁을 일으키는 이슈가 되었다. 지금까지 밝혀진 바로는 숲은 주로 생태적·경제적·사회적 기능을 수행한다. 과학자로서 나의 주된 관심사는 산림의 생태적 측면이지만 다른 기능에 대해서도 이 책을 통해 이야기하고 싶다. 식물학자에게 숲이란 나무가 무성한 녹지이기도 하지만, 그 안에는 소관목과 키 낮은 식물들, 덩굴 식물이나 착생 식물처럼 다른 것에 붙어서 빛을 향해 뻗어가는 생물들을 포함한다. 지금까지 밝혀진 수종은 6만 종 이상으로, 대부분이 브라질과 콜롬비아, 인도네시아의 열대 우림에 살고 있다. 프랑스 본토에 서식하는 나무가 137종뿐인 것에 반해 프랑스령 기아나의 아마존 우림에는 무려 1천 7백 종의 나무가 살고 있다. 이곳의 식물들은 흙 속에 존재하는 균류 및 박테리아와 공생하며 동물의 도움을 받아 꽃가루와 씨앗을 퍼뜨리기 때문에 이처럼 다양한 수종이 존재할 수 있는 것이다. 숲은 기후와 계절의 주기에 따라 다양하게 모습을 바꾸고 수많은 변수가 발생하는 생태적·물리적 현상의 보고이기도 하다. 숲이라는 공간에서 다양한 생물들은 인과관계를 형성하고 서로에게 영향을 주거나 상대를 제어한다. 그런데 너무도 복잡한 메커니즘에 의해 이러한 관계가 형성되는 까닭에 최고의 권위자들도 이해하기 힘든 현상이 관측되기도 한다. 이런 이유에서 산림 생태학자들은 복잡하게 얽혀 있는 생물 간의 관계를 규명하고자 각고의 노력을 기울이고 있다. 생물 공동체를 서식지에 따라 분류하고 서식 조건을 파악하며, 다른 생물과 어떠한 관계를 형성하고 환경과는 어떻게 상호작용하는지를 연구한다.

숲은 19세기 낭만주의 작가들에게 예술적 영감의 원천이었고 한가로이 산책을 즐기는 쉼터이자, 버섯 채취꾼들에게는 양식의 보고이며 자연요법을 믿는 이들에게는 산림치유의 장이다. 이렇듯 숲은 다양한 기능을 수행한다. 조림업자들이 숲을 가꾸면 벌채업자들이 나무를 베고 이렇게 잘려진 목재는 수없이 많은 벌목공과 제재공을 먹여 살린다. 많은 사람들이 프랑스 산림이 지나친 벌목으로 고통 받고 있다고 생각하지만 사실은 그렇지 않다. 오히려 대기 중 이산화탄소의 증가와 사육이나 경작 활동의 감소, 그리고 합리적인 임업 관리로 약 백여 년 전부터 프랑스의 숲은 더욱 넓고 더욱 풍성해지고 있다. 오늘날 프랑스의 숲은 본토 면적의 3분의 1에 웃도는 1천 7백만 헥타르에 달하고, 임업 현황에 따르면 해마다 10만 헥타르씩 증가하고 있다고 하니 기쁜 일이 아닐 수 없다.

안타깝게도 인간은 우두커니 서 있는 나무를 사물로 보는 경향이 강하다. 그저 집을 짓거나 가구를 만드는 목재로, 또는 추위를 견디게 해주는 땔감으로도 여긴다. 그렇지만 나무도 인간 못지않은 생물학적 복합성에 의거해 기능하는 생명체다. 잎과 줄기, 뿌리는 특정 기능을 담당하는 여러 조직으로 이뤄진 종합 기관이다. 잎을 예로 들어보자. 잎은 광합성과 호흡, 그리고 증산蒸散 작용의 중추라 할 수 있다. 잎자루와 잎몸, 잎맥이라는 단어를 들어본 적은 있어도 나뭇잎의 표피 아래에서 어떤 일이 벌어지고 있는지 제대로 아는 사람은 많지 않다. 인간의 몸처럼 특정 기능을 담당하는 여러 조직은 영양과 보호, 호흡이나 분비, 운반과 같은 여러 작용에 관여한다. 이러한 조직을 구성하는 세포는 인간과 완전히 동일한 생화학적·생물학적 원칙에 따라 기능한다. 미생물과 공존하는 인간처럼 나무는 그 속에 무수히 많은 미생물과 박테리아, 균류를 품으며 일종의 경제 공동체를 형성한다. 공동체의 결성으로 생존 능력은 최적화되고 척박한 환경에서도 자손을 번식시키며 수백 년을 살아 숨 쉰다. 나무가 인간처럼 영양분을 섭취하고 숨을 쉬고 고통을 느끼고 의사소통을 하며 늙어가는 존재임엔 의심할 여지가 없다. 진화의 법칙에 따라 나무는 박테리아와 균류라는 또 다른 생명체로 이뤄진 왕국과 협력 조약을 맺었다. 바로 이것이 내가 여러분께 하고 싶은 이야기다.

오늘날 인류가 그러하듯 나무는 지구와 대기층을 만드는 데 깊게 관여했다. 하지만 인간의 짧은 역사와는 다르게 나무는 무려 3억 6천만 년 이전인 데본기부터 지구의 모습을 가꾸어왔다. 나무는 노련한 연금술사가 되어 보이지 않는 것을 보이는 것으로 둔갑시켰다. 공기를 들이마시고 태양빛을 받아 모든 생명의 원천인 유기양분, 즉 당을 만들어낸 것이다. 광합성을 통해 만들어진 엄청난 양의 탄소 화합물은 인간의 생존에 반드시 필요한 양분의 순환에 원천을 제공했다. 하지만 나무가 인류에게 선사하는 최고의 선물은 바로 '산소'다. 우리가 들이마시는 산소는 식물의 잎에 존재하는 다량의 엽록체*에서 광합성이라는 매우 중요한 생화학 작용이 일어나 만들어진다. 식물의 잎은 태양광 발전소의 축소판과도 같다. 뿌리는 땅속에 있는 수분을 빨아들이고 잎은 공기 중의 이산화탄소를 흡수한다. 이때 엽록체 안에 있는 녹색 색소인 엽록소가 태양빛을 흡수하면 물과 이산화탄소는 당과 산소로 전환된다. 모든 과학자들은 광합성이 지구 생태계에 지대한 영향을 끼쳤다고 입모아 말한다. 광합성을 통해 지구 대기권으로 산소가 방출되어 생물계에 지각변동이 왔고, 이 덕분에 현재 지구에 살고 있는 동물의 대다수가 탄생했다. 우리가 들이마시는 공기는 지구와 함께 탄생하지 않았고 무기물에서 얻어진 것도 아니다. 바로 식물의 마법 같은 생물학적 작용의 결과물이다.

대부분의 영장류처럼 최초의 호미니드Hominidae(사람과)는 나무에 터를 잡고 살았다. 그러다가 나무에서 내려와 아프리카의 사바나로 성큼성큼 걸어 나왔다. 하지만 직립 보행을 했던 우리의 오래된 조상이자 세계적으로 유명한 오스트랄로피테쿠스, '루시'는 무성한 수풀에서 안식을 찾기도 했다. 아주 오래전에 시작된 인간과 숲의 친밀한 관계는 인간 집단이 수십만 년 동안 어떠한 이유로 숲을 양분의 원천이자 안식처, 또는 위대한 신으로 추앙했는지 설명해준다. 북유럽 신화에 나오는 거대한 물푸레나무 '위그드라실Yggdrasil'은 최초의 나무이자 세계의 축으로 묘사된다. 언제나 푸른 상록수로, 가지는 하늘까지 높이 솟아있고 뿌리는 지혜와 청춘의 샘까지 깊숙이 뻗어있다. 이 '나무 세계' 아래에는 신과 인간이 사는 세계를 비롯하여 모두 9개의 세계가 존재한다. 오늘날 사람들은 안타깝게도 태곳적 나무에게 품었던 경외심을 잃었다. 현대 사

---

*   식물학에서 엽록소와 DNA를 포함하는 세포 내 소기관의 하나로 정의한다. 녹색식물은 엽록체를 통해 광합성을 한다.

회는 나무를 인간이나 동물과 동등하게 여길 만한 가치가 없다고 간주한다. 철학자 에마누엘레 코치아Emanuele Coccia는 그의 저서 『식물의 삶: 혼재의 형이상학』에서 '인간은 식물에게서 음식을 얻고 치유를 받는 등 끊임없이 식물을 사용하고 있다. 인간은 일상생활에서 식물과 밀접한 관계를 맺고 있지만 정작 식물을 우리 문화권의 주체로 인정하는 경우는 드물다'고 꼬집었다.

프랑스 국립농학연구소INRA는 나에게 기나긴 여정이 예고된 특별한 미션을 주었다. 바로 숲이라는 푸르른 '미지의 땅'을 탐구하라는 것. 나무가 자신을 둘러싼 세계를 어떻게 인지하고 반응하는지, 이 과정에서 어떤 신호와 유전자 체계, 그리고 단백질 조직이 나무를 움직이게 하는지 규명하는 프로젝트였다. 내가 가장 열정을 쏟은 분야는 나무와 버섯의 상호작용이었다. 나무와 동맹을 맺고 있는 버섯이 어떠한 방식으로 자신의 숙주와 소통하는지, 그 미스터리를 풀고 싶었다. 어떻게 보면 이는 단순한 연구 주제를 넘어 숙명처럼 느껴진다. 어릴 적 숲속을 거닐다보면 나무 아래 돋아난 요상한 버섯이 내 시선을 사로잡곤 했다. 알록달록 어찌나 색깔이 곱던지 이때부터 버섯은 단숨에 나를 매료시켰다. 버섯은 비밀스레 제 몸을 숨기고 있지만 이래 봬도 숲의 터줏대감이라 할 수 있다. 나무와 더불어 숲 어디에서나 그 존재감을 드러내는 숲의 주요 생물체이기 때문이다. 버섯은 땅속이나 거무스름한 부식토, 또는 나무에 죽거나 산 채로 붙어있다. 과학자들이 전문 용어로 '균류'라고 부르는 버섯에게는 공생, 분해, 기생이라는 세 개의 얼굴이 있다. 그래서 버섯은 한없이 착하기도 하지만 때로는 잔인하고 파렴치하기까지 하다. 버섯은 생태계에서 이뤄지는 복잡한 양분의 순환에 핵심적인 역할을 담당하고, 그 중심에는 나무가 있다.

흔히 분해균이라고 부르는 균류를 나는 '무덤을 파는 사람'이라는 뜻에서 '사토장이'라고도 부른다. 고사한 나무나 낙엽, 나뭇가지 같이 땅에 떨어진 식물의 잔해, 또는 죽은 동물의 사체에서 양분을 얻기 때문에 붙여준 별명이다. 다른 생물의 잔해를 갉아먹다니 배은망덕하게 느껴지지만 광대버섯이나 그물버섯 같은 균근균만큼이나 이들의 역할도 중요하다. 균근균은 일종의 길드를 형성하며 나무와 상리 공생을 맺는다. 이는 마치 탐험가가 미지의 땅을 개척하면 광부들이 곡괭이질로 값비싼 광물을 캐내고 이것을 상인들이 시장에 내다 파는 과정과 유사하다. 균사가 땅속 깊숙하게 퍼져 토양을 탐색한 후 무기양분을 찾아내 이것을 나무에게 전달하면, 그에 대한 대가로 균류는 당분을 제공받는다. 이렇게 균근균은 나무의 성장에 도움을 주는 이로운 존재다. 이와는 반대로, 기생균은 나무에 붙어 뻔뻔하게 삶을 연명한다. 균을 옮기는 것도 모자라 말라비틀어질 때까지 나무를 게걸스럽게 먹어치운다.

이렇게 나무와 균류는 오랜 기간 동안 나의 연구 활동에 핵심이 되는 양대 축이었다. 숲 생태계의 순환과 기능을 이해하는 데 결정적인 역할을 하지만, 땅에 묻혀 있는 까닭에 보이지 않고 여전히 미스터리에 싸여 있는 이 복잡한 세계를 연구하는 데 나는 참으로 긴 세월을 보냈다. 보이지 않는 것을 어떻게 이해할 수 있을까? 젊은 시절, 의욕이 넘쳤던 나는 특별한 목표를 설정했다. 나무와 미생물의 언어를 파악함으로써 이들이 어떠한 연합을 맺고 어떠한 거래를 하는지 알아내고, 나아가 거대한 숲과 이들의 동맹인 소인국의 상호작용을 규명하는 것이었다. 운이 좋게도 당시 내가 연구하던 장소는 마음껏 상상하고 사고력을 고무시키기에 이상적인 환경을 제공했다. 로렌Lorraine 국립농학연구소INRA 산하 산림연구소는 낭시 인근의 아망스Amance 국유림 변두리에 자리하고 있었다. 우리 연구소에선 키 큰 나무들이 970헥타르를 빼곡히 메우고 있는 숲이 보였고, 아망스 수목원을 지척에 두고 있었다. 아망스 수목원은 세계의 온대 지역에서 들여온 수목 4백여 종이 서식하는 곳으로 프랑스 북동부의 풍부한 산림 자원을 형성한다. 그래서 비록 분자생물학과 유전자학 데이터에 파묻혀 지내는 신세였지만, 백 살도 넘게 산 참나무와 너도밤나무, 그루터기에 피어난 가을 버섯을 보고 있으면 자연주의자가 된 기분이었다.

내가 몸담고 있는 기관은 정부 소속 연구소로 '명백한 목적성'을 지닌다. 다시 말해, 이곳에서 행하는 모든 연구는 기초과학이라 할지라도 시민사회와 경제사회에 유용하게 쓰여야 한다. 기관장을 지낸 분들 중에 우리 연구소의 방향성을 '아름답고 유용하며 함께 나눌 수 있는 과학을 이끌어가는 것'이라고 거듭 강조하신 분도 계셨다. 새로운 생물학적 지식의 축적 이외에도, 내가 이끌던 연구의 근본적인 목적은 나무와 주변 환경과의 생물학적 상호작용을 이해하고 이를 관리할 수 있는 능력을 함양하여 결과적으로 나무의 생장을 돕는 것이었다. 그런데 10여 년 전부터 수목의 생장보다는 산림의 환경적인 측면을 우선시하는 접근이 주목받고 있다. 산림 자원을 효과적으로 관리하고 지구 온난화에 대처하는 방안의 하나로, 나무와 미생물이 각광 받기 시작한 것이다. 기후 변화와 관련된 이슈는 화두의 중심에 있다. 지구 온난화와 과도한 인간 활동으로 숲은 급작스런 변화와 마주하고 있고, 과연 어떠한 방식으로 이 변화에 적응할 것인지 귀추가 주목된다. 더불어, 지구 온난화가 야기하는 최악의 사태를 극복할 시나리오가 존재하는지 또한 모두의 관심사다.

생태계의 취약성을 망각한 채 광기에 빠진 인류는 멈출 줄 모르는 폭주를 시작했고, 이로 인해 오늘도 수십 종의 동식물과 미생물이 지구에서 사라지고 있다. 지구 온난화 예측 모델은 어두운 미래를 예고하며, 인간의 무지함으로 기후 변화와 인구 증가, 대도시의 과밀 현상이 가속화되면 수많은 생태계가 위험에 빠지고 결국은 사라질 것이라고 예견한다. 따라서 수목생리학과 산림 생태계에 대한 올바른 이해를 기반으로 지구 온난화에 대한 대책을 마련해야 한다. 하지만 숲과 나무를 이해하는 데 있어 우리가 절대 간과해서는 안 되는 존재가 있다. 바로 흙 속에 무리지어 살며 식물을 점령하고 있는 미생물이다.

최근 몇 년간 수목생리학과 산림 생태계의 기능, 미생물과 관련해 괄목할 만한 과학적 사실들이 대거 밝혀졌다. 과학자들은 그동안 베일에 싸여 있던 숲의 어두운 장막을 천천히 걷어내며, 마법의 세계를 물질대사의 흐름과 유전도표가 복잡하게 얽혀 있는 공간으로 치환하고 있다. 생물학과 생태학의 급속한 발달과 분자생물학의 혁명적인 성과, 여기에 수많은 학자들의 노력이 더해져 숲 생태계와 나무, 미생물에 대해 보다 정확한 지식을 갖추게 되었고, 이들의 상호작용에 대해서도 폭넓게 이해하게 되었다. 그렇지만 '나무 세계'를 둘러싼 생리학과 산림 생태학이 너무도 복잡한 까닭에 숲의 신비를 과학적으로 규명하려면 앞으로 몇 세대는 족히 걸릴 것이다.

하지만 새로운 세계가 점차 그 모습을 드러내고 있다. 과학자들에게 한정되었던 지식의 장을 폭넓게 확장하고 과학적 발견의 원천인 우리의 열정을 대중과 공유할 시대가 왔다. 물론 숲과 버섯을 과학적으로 해석한다고 해서 숲이 지니는 시적인 정서가 훼

손되어선 안 된다. 숲은 예나 지금이나 꼬마 요정이 버섯을 그늘 삼아 한가로이 휴식을 취하는 신비로운 식물의 세계다. 숲과 숲에 서식하는 상상의 존재에 대한 문화적 영역은 보존되어야 한다. 자연물에 영혼이 존재한다고 믿는 생기론은 과학적 견해와 상충되지만, 숲에 대한 생기론은 존중되어야 마땅하다. 나무와 버섯을 이야기할 때 지나치게 의인화하는 일이 없도록 나 스스로 정신을 바짝 차려야겠지만, 오랜 세월 동고동락한 이들을 다소 친근하게 묘사하더라도 동료 과학자들은 살짝 눈감아주기를 부탁한다. 인간적 관습과 상징, 감정을 배제하고 숲을 논하는 것은 어쩌면 불가능한 일일지도 모른다.

동식물과 미생물의 공존은 신문이나 서점에 단골로 등장하는 주제가 되었고 이에 대한 연구도 한창 진행 중이다. 전폭적인 경제적 지원 속에 미생물이 인간을 포함한 동식물의 건강에 어떠한 영향을 끼치는지에 대한 연구가 세계 각지에서 활발히 이뤄지고 있다. 이러한 상황에서 끊임없이 쏟아져 나오는 연구 결과와 새롭게 발견되는 과학적 지식을 빠짐없이 수집할 필요가 있다. 지금까지 현대 과학이 밝혀낸 식물과 미생물의 상호작용, 그리고 미생물 생리학에 대한 지식을 체계적으로 정리하여 집대성하는 작업이 시급하다. 이 지점에서 나는 과감한 선택을 했다. 나무와 버섯의 이로운 동맹을 중점적으로 다루면서, 숲과 초원의 분해자로서 균이 지니는 역할과 기생균에 대해 기술하고자 한다. 혹자가 주제의 편협성을 비판한다면 나로서는 가장 잘 아는 것을 이야기하고 싶기에 이 또한 겸허히 수용하고 싶다. 또한 생태학의 전체론적 입장과 분자생리학의 환원론이 끊임없이 대립하여 보다 다양한 연구를 촉진시키는 현상을 나는 지지한다. 미생물학자가 주체가 되어 숲속 균류를 연구해야 하지만, 현실에선 극히 소수만이 나무라는 숙주에게 관심을 둘 뿐이다. 대다수의 미생물학자들은 인간의 몸에 질병을 일으키는 균류에 몰두한다. 그러나 산림에 서식하는 균류는 지구 생태계가 원활히 기능하는 데 절대적인 영향력을 끼치는 매우 중요한 존재다.

과학자가 되는 것은 객관적이고 엄격하며 정연한 자세로, 과학 연구에 자신을 희생하는 것이다. 동시에 동료와 제자, 대중과 끊임없이 대화를 시도하며 잘못된 믿음과 사실들, 조작된 정보에 맞서 싸우는 것이다. 더불어 우리 사회에 유용하고 이로운 지식을 제공하는 일이기도 하다. 개인적으로는 세상이라는 거대한 퍼즐의 한 조각쯤은 맞추리란 기대 속에 끊임없이 호기심을 충족시키는 일이 과학자란 직업이라고 생각한다. 나는 독자들이 '나무 세계'를 이해하고 나무의 동맹인 버섯을 재발견하기를 바라면서 이 책을 집필했고, 이를 통해 과학자라는 까다롭지만 숭고한 직업에 대한 열정을 여러분과 나누고 싶다. 엄격함, 창의적인 대담함, 겸손, 열린 정신, 결정론에 대한 확고한 신념, 발견에 대한 의지는 과학 연구의 핵심 요소다. 우리가 매일같이 행하고 있는 실험이 어떤 것인지 클로드 베르나르Claude Bernard(1813~1878)는『실험의학 연구 입문』에서 명료하게 기술했다. '완벽한 학자란 이론과 실험을 포괄하는 능력을 지녔다. 첫째, 사실을 관찰한다. 둘째, 이 사실과 관련된 아이디어가 머릿속에 떠오른다. 셋째, 합당한 실험을 고안하고 설계하며 이에 대한 물리적 조건을 가정한 후 실행에 옮긴다. 넷째, 관측되어야 하는 새로운 현상이 실험을 통해 도출되고 이 같은 과정이 되풀이된다. 어떻게 보면 학자 정신이란 추론의 시발점이 되는 관찰과 종착점이 되는 관찰, 그 중간 어딘가에 늘 존재한다.'

학자는 커다란 만족과 멈출 줄 모르는 의심으로 점철된 길을 걸으며 기쁨과 좌절이 교차하는 인생을 산다. 나 역시 여러분의 물음에 답하고 우리가 경험하고 있는 과학자의 세계를 여러분에게 이해시키고 싶다. 모두가 참이라 믿는 과학적 사실에 어떻게 반기를 들 것인가? 과학적인 사유의 과정은 어떻게 전개되는가? 나는 과학자들이 연구실을 벗어나 대중과 소통해야 한다는 견해에 깊이 공감한다. 이제는 사람들이 과학자에게 질문을 던지는 시대가 도래했다. 인류가 마주하고 있는 심각한 환경 위기로 과학 연구와 기술 혁신은 이 시대의 핵심 이슈가 되었다. 과학적 사실이 미디어를 통해 전파되고 다양한 영역에서 과학이 활용되면서 대중은 그

동안 멀게만 느껴졌던 이 낯선 분야에 한 발짝 다가갔다. 이러한 소통이 과학계에 생각의 전환을 불러오고 새로운 출발을 예고하는 징조인지는 더 두고 볼 일이다. 이제 학자들은 전방에 배치된 군인과 다름없다. 이들은 과학적 도구와 컴퓨터, 지구 온난화 예측 모델을 무기로 아직 가보지 못한 미래를 탐험하며 기후 변화와 싸우고 있다. 이들은 지구 생태계를 위협하며 가속화되고 있는 기후 변화를 예측하고 이에 대한 결과를 정계와 대중에게 알려주어야 한다. 내부고발자가 된 과학자들은 기후 변화라는 사상 초유의 사태가 야기할 심각한 환경 문제를 해결하고자 오늘도 고군분투하고 있다.

생물학자에게는 생명체가 삶을 존속시키는 메커니즘을 규명해야 할 임무가 있다. 그렇기 때문에 우리는 호기심을 품고 관찰하며 실험에 임하는 데 대부분의 시간을 보낸다. 선배 과학자들이 밝혀낸 사실이나 직접 실험을 통해 도출한 사실이 연구의 실마리가 되어 우리를 정처 없는 곳으로 인도한다. 우리는 이러한 단서를 기반으로 추론을 통해 자연의 여러 단편들을 정신적·가설적·상징적 방법으로 표현한다. 그런 다음, 합리적으로 조직된 가설의 총체가 엄격한 과학 실험을 통해 증명된다. 이러한 실험이 오히려 세상을 요지경 속에 빠뜨린다고 믿을 수도 있다. 특정 나무나 버섯의 유전자 염기서열을 밝혀냈다는 보도 자료가 매일같이 신문 지면을 채우고 있으니 이런 의구심이 들만도 하다. 생명체는 유전자 코드만으로는 절대로 해석될 수 없다. 게놈 서열만을 가지고 나무와 버섯의 다양한 상호작용과 복잡한 기능을 절대로 규명해낼 수 없다. 나무와 버섯의 상호작용을 연구하다보면 전혀 예상치 못한 새로운 속성들이 나타나는데 이는 학제간 연구 없이는 이해하기 힘들다. 자연과학 분야에 놀라운 직관력을 지녔던 독일의 과학자, 알렉산더 폰 훔볼트Alexander von Humboldt(1769~1859)는 '자연의 세계는 생명체들이 끊임없이 대화하며 복잡하게 짜내려간 삶의 직조물과 같다'는 말을 남겼다. 식물과 식물이 마주한 환경과의 관계에서 답을 얻고자 했던 그의 의지는 오늘날 자연과학적 고찰의 근간을 제공하고 있으며, 공생을 연구하는 학자들에게 큰 울림을 주고 있다.

이제 숲속 오솔길을 걸으며 나무와 버섯의 비밀을 하나 둘 파헤칠 것이다. 여러분은 나무와 숲을 연구하고 지구의 미래를 예측하는 과학자들과 마주할 것이고, 보주산맥을 지나 북극의 문턱을 넘은 다음 화산이 열기를 내뿜는 레위니옹섬까지, 나무와 숲, 산을 아우르는 광활한 여정을 함께할 것이다. 몇백 년 묵은 지혜로운 나무와 이야기를 나누고, 그루터기에 어느덧 돋아있는 버섯을 발견하고, '나무 세계'의 뿌리가 자리한 땅속의 작은 우주를 탐험할 것이다. 보이는 것, 그 너머의 세계로 떠나는 것이다.

2장

세계에서 가장 큰 생명체,
뽕나무버섯

버섯은 축축한 곳에서 자란다. 우산을 닮은 것도 다 그런 이유에
서다.

알퐁스 알레(Alphonse Allais)

세상에서 가장 큰 생물체는 무엇일까? 대왕고래를 떠올렸다
면 정답에서 멀찌감치 떨어진 것이다. 지구상에서 덩치가 가장 큰
생물은 거대한 포유류도, 천 년을 넘게 산 캘리포니아 숲의 레드우
드도 아니다. 은밀하게 몸을 숨긴 채 나무에 기생하며 연명하는 존
재, 바로 버섯이다. 이 중에서 서양에서 '꿀버섯'이라고 부르는 뽕
나무버섯이 세계에서 가장 거대한 생물체로 밝혀졌다. 도저히 믿

기 힘든 이 사실이 어떻게 세상에 공개되었는지 그 자초지종을 들어보자.

지난 세기 말, 미국 오리건주 멀루어Maleur 국유림의 산림 관리자들은 깊은 근심에 빠졌다. 수백 그루의 나무가 원인 모를 병에 걸려 시름시름 앓다가 고사하는 일이 발생한 것이다. 이들은 식물병리학자, 쉽게 말해 나무가 아프거나 병이 들었을 때 진단과 치료를 해주는 '나무 의사'들을 황급히 불렀다. 숲을 이리저리 돌며 병든 나무를 한 그루씩 살펴보던 나무 의사들은 놀라운 사실을 발견했다. 죽은 나무의 내부가 하나같이 뽕나무버섯의 거무스름한 균사로 얼룩져 있었기 때문이다. 이름도 야릇한 뽕나무버섯은 사실 수많은 나무에 붙어살며 '백색 부후'를 일으키는 분해균이다. 숲을 거닐다보면 썩어가는 나무 그루터기에 노르스름한 뽕나무버섯 수십 개가 옹기종기 피어난 모습을 볼 수 있다.

도시에 사는 사람들은 버섯이라고 하면 마트에서 사다 먹는 '양송이'를 떠올린다. 흔히 시판 제품을 먹지만 가을에 숲이나 풀밭에서 딴 양송이야말로 그 맛이 일품이다. 그런데 우리가 맛있게 먹는 버섯의 정체는 포자가 담긴 생식 기관으로, 전문 용어로는 '자실체'라고 부른다. 갓과 자루로 이루어진 버섯은 '균사'라고 하는 가느다란 실로 구성된 은밀한 조직이 만들어낸 기관이다. 균사 하나의 지름이 1~10마이크로미터라고 하니 1밀리미터의 백분의 일도 안 되고, 균사 한 가닥이 머리카락보다 열 배는 더 가늘기 때문에 육안으로 절대 관찰할 수 없다. 그런데 이렇게 가느다란 균사가 모이면 '균사체'라는 망을 이룬다. 균사체는 원래 포자의 발아관에서 나온 균사가 토양이나 식물의 잔해에서 생장하며 조직을 형성한 것이다. 균류를 차지하는 대부분이 바로 촘촘히 뻗어있는 땅속 균사체인데, 개체 무게의 99퍼센트를 차지할 정도로 거대한 면적에 걸쳐 분포하기도 한다. 가을날, 숲을 거닐다 마주치는 버섯이 실은 한껏 부풀어 오른 균류의 생식 기관임을 아는 사람은 많지 않을 것이다. 버섯은 사람들의 시선을 피해 땅속이나 죽은 나무 속에 은밀히 몸을 숨기고 있다. 우리의 발밑에는 보이지 않는 세계가 요동친다. 이 비밀스러운 세계에서 수많은 미생물들이 서로 부대끼며 삶과 죽음을 경험한다.

놀라운 것은 멀루어 국유림에 널리 분포하고 있는 뽕나무버섯이 하나의 개체에 속하며, 단일 개체에서 나온 균사가 숲 전체를 뒤덮고 있었다는 사실이다. 숲에서 채취한 균사와 자실체의 DNA를 분석한 결과, 유전자 정보가 동일한 것으로 드러나 하나의 생물체임을 부정할 수 없었다. 그런데 더욱 놀라운 것은 이 초대형 버섯이 무려 8천 5백 년 전에 하나의 포자에서 태어났을 거란 사실이다. 이는 버섯이 10제곱킬로미터에 달하는 거대한 면적을 차지하고, 뽕나무버섯의 균사가 해마다 30센티미터 가량 이동하는 것을 감안했을 때 추정되는 나이다. 크기를 헤아리기 힘들 정도로 덩치 큰 버섯이지만 등산객이나 산림 관리자들의 눈에는 좀처럼 보이지 않는다. 부식토를 관통하며 뿌리와 뿌리 사이에 균사를 뻗고 있는 까닭에 평소에는 눈에 띄지 않지만, 가을이 되면 죽은 나무의 그루터기에 꿀색의 자실체, 즉 버섯을 생성하기 때문에 주의 깊게 살펴보면 관찰이 가능하다. 이 뽕나무버섯의 무게가 천 톤에 달할 것으로 추측하는 학자들도 있어 몸집이 얼마나 큰지 미루어 짐작할 수 있다.

나와 우리 연구팀은 운 좋게 지하에 서식하는 거대 버섯 중 일부를 만날 기회가 있었다. 1995년, 우리는 보주산의 너도밤나무에 서식하는 자주졸각버섯*Laccaria amethystina*과 마른산그물버섯*Xerocomus chrysenteron*의 시간과 공간의 변화에 따른 배열 방식을 연구하기로 했다. 모두 로렌 지역의 숲과 나무에 서식하는 것들로 채취꾼들 사이에선 익히 알려진 버섯들이다. 그런데 이들은 나무뿌리와 긴밀하게 서로 도우며 살아간다. 땅속에 뻗어있는 보이지 않는 균사 조직이 나무의 잔뿌리*와 은밀하게 연합하여 상리 공생을 맺는데, 이를 균근 공생이라고 부른다. 나무의 생장에 필수불가결한 공생적 상호작용을 이르는 말로, 식물 공동체에 막대한 영향력을 가한다.

---

* 　뿌리에서 갈라진 가느다란 뿌리

나는 동료 학자인 크리스틴 드라뤼엘Christine Delaruelle, 아센 게르비Hassen Gherbi, 마크앙드레 셀로스Marc-André Selosse와 함께 오랭Haut-Rhin 지역 오뷔르Aubure 숲에서 자주졸각버섯과 마른산그물버섯의 분포도를 연구하기로 했다. 고도 1천 미터에 자리한 스트랑바슈Strengbach 골짜기의 산비탈에 빼곡히 자란 너도밤나무숲이 아름다운 정경을 연출하는 곳이었다. 150년이 넘는 세월 동안, 가을이 되면 두터워진 부엽토 덕분에 너도밤나무와 연결된 균류가 풍성한 결실을 맺는다. 자주졸각버섯과 마른산그물버섯이 피어나길 바라면서 우리는 1백 제곱미터짜리 대형 사각형 3개를 질서정연하게 그렸다. 그로부터 2년 동안 9월에서 10월까지 우리는 답답한 연구실을 빠져나와 매주 이곳에서 버섯을 채취했다. 보주산은 가을이 되면 화창하게 빛나는 인디언서머와 함께 마법 같은 공간으로 변한다. 울긋불긋 총천연색의 옷으로 갈아입은 숲을 거닐며 버섯을 따고 있으면, 과학자의 연구가 왠지 신나는 일처럼 느껴지기도 한다. 채취한 버섯을 분류하고 시료 봉투에 넣은 뒤 정성스레 라벨을 붙인다. 그런 다음, 채취 장소에 대한 정보를 상세히 기록하고 손상을 피하기 위해 유리 받침 위에 올려놓았다. 하루 종일 채취한 수백 개의 버섯을 연구실로 가져와 이들의 유전자적 유사성을 밝혀내기 위해 DNA 분석에 들어갔다. 젊은 연구원들은 '중합효소연쇄반응'을 이용하여 DNA의 특정 부위를 수백만 배로 증가시켰다. 전문 용어로 'PCRpolymerase chain reaction'이라고 부르는 이 기법은 시험관 내에서 효소를 이용해 DNA 단편을 증폭시키는 것으로, 아주 적은 양의 DNA만으로도 단시간에 특정 부위의 유전자를 기하급수적으로 늘릴 수 있다. 이렇게 증폭된 DNA 조각을 전류가 흐르는 아가로스 겔에 통과시키면 바코드와 같은 띠가 생성되는데 그 수와 크기가 유전 형질에 의해 결정된다. 모든 균류는 고유의 DNA 바코드, 즉 '유전자 지문'에 의해 식별이 가능하다. 따라서 채취한 버섯의 DNA 바코드가 유사할수록 유연관계가 높으며 이를 근거로 유전자적 동일성이 정확하게 판가름 난다. DNA 바코드에 '유전자 신분증'이란 명칭이 괜히 붙여진 게 아니다.

균류도 동물이나 식물처럼 종과 개체군을 형성한다. 종은 유전자적 차이가 있지만 서로 교배가 가능한 모든 개체와 개체군들을 포함한다. 개체군은 일정한 방식으로 유전자를 교환하는 개체들의 집단으로, 특수한 생태학적 요건이나 상이한 서식지에 대한 적응력과 같은 기준에 따라 구별된다. 그런데 실험 결과, 자주졸각버섯과 마른산그물버섯이 완전히 상반된 양상을 보여 우리를 놀라게 했다. 자주졸각버섯의 개체 수백 개가 모든 구획에 고루 분포된 반면, 마른산그물버섯은 단 하나의 개체가 드넓은 땅속에 균사를 퍼뜨리며 여기저기 수많은 자실체를 생성했다. 수백 제곱미터를 뒤덮으며 독불장군처럼 홀로 성장하는 마른산그물버섯의 나이는 공생 나무와 비슷한 150살 정도로 추정된다. 마른산그물버섯은 19세기 중반 숲에 너도밤나무를 심을 당시, 어린 묘목과 공생이라는 우호적 관계를 맺는 데 성공한 것이 분명하다. 선조가 터를 잘 닦아둔 덕에 후손들은 포자의 형태로 바람에 날려 산꼭대기를 넘으며 보주산 이곳저곳에 자리를 잡았을 것이다. 반면에 자주졸각버섯은 아마도 이웃 나무나 다른 구획에서 넘어온 이주자들의 등쌀에 못 이겨 해마다 겨우 몇 센티미터밖에 균사를 뻗지 못했던 것 같다. 이러한 특징은 황소비단그물버섯*Suillus bovinus*이나 보라발졸각버섯*Laccaria bicolor*, 노랗게 숲을 물들이는 꾀꼬리버섯류 같은 개척종에서 흔히 발견된다.

그런데 동일한 기후 하에 동일한 서식지에서 동일한 나무와 공생하는 이 두 종류의 버섯이 이토록 대조적인 번식 방식을 택한 이유는 뭘까? 어떤 까닭으로 하나는 백 년이 넘는 세월에 걸쳐 거대한 영토를 정복하고, 다른 하나는 덧없이 사라지는 수많은 소국을 건설하는 것일까? 그로부터 20년의 세월이 흘렀지만 여전히 우리는 답을 구하지 못했다. 균류 군집의 존속과 크기에 관여하는 유전자를 아직 발견하지 못했기 때문이다. 이러한 이유에서 연구는 제자리를 답보해서는 안 된다.

이쯤 되면 '그래서 요점이 뭔데?'라고 따져 묻고 싶을 것이다. 당시 연구 대상이었던 자주졸각버섯과 마른산그물버섯은 식탁에서 환영받는 식용버섯이 아니지만, 만약에 페리고르나 부르고뉴 트러플을 상대로 유사한 실험을 했다면 어땠을까?

트러플 재배업자들은 우리에게 끝도 없는 질문 공세를 펼친다. 숲에는 얼마나 많은 트러플이 자생하고 있는가? 트러플 재배지에서 발견되는 버섯은 하나의 개체인가, 아니면 다수의 개체인가? 어떠한 생식 과정을 통해 블랙 다이아몬드라고 부르는 이 값비싼 버섯이 만들어지는가? 다른 개체들보다 더 많은 자실체를 만들어내는 개체가 존재하는가? 그렇다면 우수한 개체를 번식력이 왕성한 나무에 접종해 자실체를 맺는 일이 가능한가? 현재 우리는 게놈 서열과 유전자 지문 같은 분자기술을 보유하고 있어 이러한 질문에 접근이 가능하다. 잠재적 경제 가치가 높고 생태학적으로도 이목을 집중시키는 트러플의 생식 기관과 번식 방법, 그리고 생장을 관장하는 복잡한 유전자 메커니즘이 차츰 규명되고 있다. 하지만 분자기술 연구에는 막대한 비용이 든다. 이는 경제적 지원 없이는 연구 활동을 지속할 수 없는 과학자라는 직업의 이면이기도 하다. 이 부분에 대해서는 차후에 다시 서술하겠다.

자연에서 채취한 샘플을 토대로 DNA를 정밀 분석하는 과정은 과학자라는 직업의 다양한 얼굴과 마주할 기회를 제공한다. 때로는 샘플을 구하기 위해 익숙한 환경을 떠나 이국적인 공간으로 탐험하기도 한다. 연구실을 벗어나 경이로운 자연 속에 있노라면

내면에 잠자고 있던 자연주의자적 감수성이 깨어남을 느낀다. 이렇게 얻은 샘플을 바탕으로 점차 고도화되고 있는 실험 도구를 사용해 복잡한 유전자 데이터베이스를 생산하고 분석한다. 마지막으로, 개념화된 정보의 총체는 미생물 생태학과 생물학을 규명하는 데 사용된다. 과거에는 다양한 접근 방식의 결합이 강한 반발을 사기도 했지만, 현재 우리가 살고 있는 21세기 초에는 과학적 혁명을 이끄는 방식으로 평가받는다.

3장

숲의 마라토너,
       참나무

머리가 하늘 높이 솟아있고 발은 저승까지 뻗어있던 자가 바로 내
이웃이었다.

　　　　　　장 드 라퐁텐(Jean de La Fontaine)의 우화 중 「참나무와 갈대」

　프랑스 남동쪽, 케라Queyras 국립공원은 알프스의 험준한 산
세 사이로 자연의 경이로움을 느낄 수 있는 곳이다. 국립공원 한가
운데에 있는 산속 마을, 세이약Ceillac 인근에는 낙엽송으로 둘러싸
인 오솔길이 있다. 이 길을 따라 굽이굽이 가파른 경사를 오르다보
면 나무다리가 보이고 그 너머엔 쇼리옹드Chaurionde 협곡이 자리하
고 있다. 숲의 가장자리를 맴도는 길은 깊은 숲속까지 이어지고 마

침내 경쾌하게 쏟아지는 피스Pisse 폭포로 우리를 안내한다. 폭포를 가뿐히 뛰어넘고 키 작은 초목들을 지나 반짝거리는 숲속 빈터에 다다르면 불현듯 눈앞에 미루아르Miroir 호수가 들어온다. 낙엽송으로 둘러싼 호수 뒤편에는 퐁상트Font Sancte 정상이 보이고 하계목장으로 쓰이는 프레수베랑Prés Soubeyrand 협곡의 초지가 드넓게 펼쳐진다. 6월 말, 낙엽송 사이로 하늘빛이 부드럽게 새어들고 초원에는 꽃이 흐드러지게 피어있다. 자연이 빚어낸 온갖 색깔이 한데 모여 있는 듯하다.

해마다 이맘때가 되면 나는 오솔길을 거닐며 알프스 협곡으로 이어지는 작은 고개들을 지난다. 여름의 시작을 알리는 무렵, 하계목장이 자취를 감추면 싱그러운 향기를 머금은 녹지에 곤충들이 몰려든다. 딱정벌레 같은 초시류, 벌이나 개미를 포함하는 막시류, 나비 같은 인시류가 소함대를 이루며 푸른 초원 위에서 윙윙 날아다닌다. 눈에 보이지는 않지만 무수히 많은 동식물이 긴밀히 연결되어 방대한 네트워크를 형성한다. 뜨거운 여름 햇살을 양분 삼아 식물 간, 곤충 간 그리고 식물과 곤충의 관계는 시시각각 변한다. 상대에게 의존하다가도 어느 순간 홀홀 털어버리고 새로운 관계를 찾아 나선다. 나는 풍요의 땅 아래 몸을 숨긴 채 초원의 꽃들을 이어주며 복잡하게 얽혀 있는 균사 조직을 상상해본다. 레이디스맨틀, 초롱꽃, 수레국화, 크레피스, 펜넬, 김의털, 민들레, 난초, 토끼풀은 수십여 종의 균류와 거대한 통신망을 형성하며 대화한다.

이 비밀스러운 균류는 약 4억 5천만 년 전에 대륙을 점령한 아주 오래된 혈통인 취균류Glomeromycota에 속한다. 이 공생균은 숙주의 뿌리에 '수지상체'라는 미세 구조를 형성한다. 수지상체는 식물 세포에 생기는 지상* 구조로 양분의 교환이 이루어지는 핵심 장소다. 햇빛을 듬뿍 받은 잎에서 전해진 당이 수지상체라는 '공생 접점'을 통해 뿌리와 토양에 퍼져 있는 균사체에 전달된다. 당을 흡수해 생장한 균류는 그에 대한 대가로, 토양에서 흡수한 무기양분인 질소와 인산을 균사를 통해 뿌리 세포 속에 전달한다. 이러한 방식으로 양분을 교환하며 서로를 이롭게 하는 것을 '균근 공생'이라고 한다. 어떤 학자들은 이러한 관계를 공급과 수요의 법칙이 지배하는 시장 경제와 유사하다고 하여 '생물 경제'에 비유하기도 한다. 나는 낙엽송 그늘이 드리워진 초원 한편에 앉아 발밑에서 분주하게 움직이고 있을 수많은 생물 경제를 상상해본다. 균사라는 고속 도로와 송유관을 통해 드넓은 지하 세계가 연결되고 그 안에는 크고 작은 시장과 항구가 북적이고 있을 것이다.

해발 2천 2백 미터가 넘는 이곳에서 식물의 번식기는 짧고 생태적 균형도 취약하다. 지난 수천 년 동안 이곳 식물들은 알프스라

---

*   digitation, 손가락처럼 갈라져 있는 모양의 구조

는 척박한 환경에 적응하기 위해 다양한 시도를 해왔다. 수많은 시행착오 끝에 균류와 손잡은 식물은 생존에 성공했고 끈끈한 공생 관계를 유지하며 알프스의 고지에 풍요로운 녹색 공동체를 형성했다. 이곳에서 공생은 삶, 그 자체다. 초원에 서식하는 식물들은 백여 종에 이르는 파트너와 공생을 맺을 수 있다. 알프스라는 만만 치 않는 환경에 뿌리를 내리느라 피폐해진 식물들에게 균류는 천군만마나 다름없다. 균류는 식물에게 양분을 주는 것에 그치지 않고 서식지를 변화시키기도 한다. 베를린자유대학교의 생태학자 마티아스 릴리그Matthias Rillig의 연구에 따르면, 균근 조직은 단백질의 일종인 글로말린glomalin을 방출하는데 이 물질이 토양에 스며들면 미세 입자의 집합체를 안정화시키는 접착제로 작용해 토양의 입단 형성에 영향을 끼친다고 한다.

알프스 초원을 풍요롭게 장식하는 낙엽송의 식생대는 공생의 핵심 지역이다. 초원의 다른 식물들과 비교했을 때, 상리 공생을 이끄는 메커니즘은 유사하지만 파트너는 다르다. 낙엽송의 뿌리는 큰비단그물버섯이나 젖버섯류, 끈적버섯류 같은 '외생균근'이라고 부르는 균류와 파트너십을 맺는다. 약 2억 년 전, 이들의 공생은 소나무의 조상과 함께 등장했다. 숲의 가장자리, 오래된 낙엽송에 기대어 이런 저런 생각에 잠긴 나는 불현듯 학자다운 호기심이 발동했다. 내 발 아래, 알프스 초원을 관통하는 균근 조직이 낙엽송의 균근 조직과 연결된 것은 아닐까? 다시 말해, 숲과 초원이라는 서로 다른 생물군계가 균류를 매개로 은밀히 교류할지도 모른다는 생각이 들었다. 이 같은 가정이 사실임을 증명하는 연구가 일부 발표되었지만, 자료가 빈약하고 자연환경에서 진행된 것이 아니라서 신뢰하기가 힘들다. 알프스를 뒤덮고 있는 난초과 식물은 초원에 서식하는 식물과 나무와의 상호 교류에 있어 핵심적인 역할을 맡는다. 양분과 정보는 숲과 초원에서 순환을 거듭한다. 화본과 식물과 꽃, 그리고 나무가 민꽃 식물의 동일한 실타래에 연결되어 있다. 그렇다면 높은 산에서 떨어지는 물의 원천인 프레수베랑 협곡이 다윈의 자연선택설에 따라, 양분이 순환하고 상리 공생이 맺어지며, 종간의 경쟁이 폭발하는 생태계의 각축장인 것은 아닐까?

프랑스를 북에서 남으로 종단하는 GR5 트레킹 코스를 걷는 등산객들은 미루아르 호숫가를 걸으며 프레수베랑 협곡의 고요한 아름다움에 감탄한다. 그런데 유월의 햇살을 따사로이 받고 있는 이 협곡이 약 2만 1천 년 전에는 누나탁*이었다는 사실은 믿기 힘들다. 론Rhône의 비탈면을 스치는 거대한 빙하 속에 프레수베랑이 섬처럼 우뚝 솟아올랐던 것이다. 리옹의 클로드베르나르대학에서 자연적·인위적 환경에 따른 수생태계 변화를 연구하는 크리스토

---

*   nunatak, 대륙 빙하의 침식에 견뎌 빙하 면을 뚫고 솟아오른 기반암의 돌출부-옮긴이

페르 카르카이예Christopher Carcaillet 교수와 몬트리올대학 문리대 지리학과 교수인 올리비에 블라르게Olivier Blarquez는 미루아르 호수에 깊게 가라앉은 식물성 물질을 분석한 결과, 프레수베랑 협곡이 빙하시대에 쳄브라소나무Pinus cembra와 낙엽송의 서식지였다는 사실을 밝혀냈다. 이는 혹독한 기후 속에 해빙으로 둘러싸였지만 이곳이 풀 한 포기조차 살 수 없는 환경은 아니었다는 사실을 말해준다. 더불어, 미루아르 호수의 침적물에서 목탄이 발견됨에 따라 이 연약한 나무들이 산불에 희생됐으리란 사실 또한 짐작할 수 있었다. 혹한의 추위에 시달리던 알프스 툰드라 지대의 나무 몇 그루가 쳄브라소나무와 낙엽송의 조상이라 할 수 있고, 오늘날 이들의 후손이 드넓은 알프스 골짜기를 호기롭게 점령하고 있다.

대부분의 사람들이 까마득한 옛날, 유럽을 뒤덮던 광활한 원시림이 오늘날까지 이어져 지금의 숲을 만들었다고 생각한다. 하지만 이는 천만의 말씀. 우리가 목도하는 숲은 마지막 빙하기 말에 생성된 것으로, 불과 1만 년도 채 안 되는 비교적 최근의 것이다. 얼음 모자를 쓴 듯 산 정상을 덮고 있는 빙관氷冠이 상당 부분 발달해 있었고, 이보다 훨씬 큰 면적의 대륙 빙하가 산악 지대와 북유럽을 감싸고 있었다. 그리고 대지는 수백 킬로미터에 달하는 영구 동토층, 즉 일 년 내내 얼어있는 땅으로 둘러싸여 있었다. 사냥을 했던 네안데르탈인과 최초의 호모 사피엔스가 누비고 다녔던 지역은 오늘날의 풍경과는 사뭇 달랐다. 이들은 프랑스 중부에서 유럽 북동부까지 이어지는 다양한 동식물의 서식지였던 매머드 스텝mammoth steppe과 침엽수와 자작나무숲으로 이뤄진 타이가taiga, 아북극 툰드라subarctic tundra를 활보했다. 오늘날 유럽 땅에서 큰 면적을 차지하는 참나무와 너도밤나무, 서어나무숲을 생물 지리학자들은 '온대낙엽수림'이라 부르는데, 이 숲이 비교적 온화한 기후에 속했던 이베리아와 이탈리아, 발칸 반도를 피난처 삼아 후대를 생산했던 까닭에 잔존에 성공할 수 있었다.

지난 9만여 년 동안, 빙하기와 간빙기 사이에 지구의 기온이 4~6도씩 변동하며 기후 위기가 반복적으로 이어졌다. 비관적인 기후 변화 모델은 불과 몇십 년 후 지구에 재앙이 닥쳐올 것이라 예측한다. 다음 세대가 겪게 될 기후 변화로 환경은 무차별적으로 전복되고 동식물계는 대혼란에 빠질 것이다. 플라이스토세의 마지막 빙하기 이후, 나무가 대륙을 재점령한 현상을 연구하는 산림 과학자들은 이들의 번식 메커니즘을 규명하고자 애쓰고 있다. 우리는 이러한 연구가 미래의 기후 변화에 맞서는 대응 능력을 키우는 데 유용하리라 믿는다. 미래를 정확히 예견하기 위해 과거를 되돌아보는 것이 현재 우리가 취하는 방식이다. 그럼 이쯤에서 참나무의 대서사시를 들어보자.

'참나무'는 참나무속Quercus에 속하는 여러 수종을 두루 일컫는

말로, 이 중에는 하늘 위로 높게 뻗은 교목도 있지만 키가 작은 관목도 있다. 아시아가 원산지인 참나무는 1천만 년 동안 번식을 이어왔다. 오늘날 확인되는 참나무는 4백여 종이며 대부분이 북반구에 서식한다. 흔히 참나무라고 하면 로부르참나무*Quercus robur*처럼 높이가 40여 미터에 달하는 키 큰 나무를 떠올리지만, 털가시나무 같은 소관목도 있고 케르메스참나무처럼 이보다 작은 관목도 있다. 기온 하강과 상승이 스무 번쯤 반복됐던 지난 2백만 년 동안 참나무는 갖은 풍파를 견뎌왔고, 그 결과 오늘날 유럽 땅에 다양한 수종이 뿌리내렸다. 이러한 과정에서 어떤 수종은 살아남았고 어떤 수종은 멸종되었다. 현재 유럽에는 20여 종의 참나무가 서식하고 있으며 이 중 8종이 프랑스에서 발견된다.

2000년 초, 아키텐*Aquitaine* 지역 보르도 세스타스 국립농학연구소*INRA Bordeaux-Cestas* 임목육종연구실 소속인 앙투안 크르메*Antoine Kremer*와 레미 프티*Rémy Petit*는 제4기 지질시대의 기후 변화에 대한 수목의 적응 메커니즘에 관해 기존의 발상을 뛰어넘는 혁명적인 결과를 발표했다. 이들의 연구는 두 가지 측면에서 괄목할 만한 성과를 이뤘다. 우선, 전체 산림 수종의 40퍼센트를 차지하며 프랑스 숲의 대부분을 점유하는 단일 수종의 적응력을 연구했다는 점이고, 다른 하나는 균류를 포함한 미생물에 대한 연구를 동시에 진행했다는 점이다. 오늘날까지 참나무가 영속할 수 있었던 것은 균류의 생존과 밀접한 관련이 있다. 생물다양성의 진정한 '핫스팟'이라고 할 수 있다.

이들은 세계 8개국에 흩어져 있는 연구소 13곳의 지원을 받아, 2천 6백 개가 넘는 서식지에서 1만 2천여 그루의 참나무 샘플을 채취해, 엽록체 DNA의 유전자 지도를 해독해냈다. 이 DNA는 꽃가루를 뿌리는 나무(수그루)가 아닌 어미나무, 즉 도토리를 생산하는 나무(암그루)를 통해서만 후대로 전해지는 특성이 있다. 참나무는 오로지 열매에 의해서만 번식하기 때문에, 현재 관찰되는 엽록체 DNA의 다양한 분포도를 보면 참나무의 이동 경로를 알 수 있다. 단일 종에 대하여 이처럼 큰 규모로 유전적 다양성 조사가 이루어진 적은 한 번도 없었다. 두 학자는 마르세이유대학의 자크 루이 드 보리외Jacques-Louis de Beaulieu 교수와 함께 유럽 꽃가루 데이터 은행에 보관 중인 꽃가루 화석 6백 개의 염기서열을 분석한 끝에 연구를 완성했다. 다른 나무들처럼 참나무의 꽃가루도 대량으로 방출되는데, 내구성이 강한 외피 덕분에 이탄지泥炭地나 호수의 침적물 속에 묻혀 공기와 접촉하지 않은 상태로 오랜 기간 보존될 수 있다. 어마어마한 양의 꽃가루가 날리면 특정 장소에서의 종의 발현과 생태계에서 이 종이 차지하는 비중, 그리고 생존 기간을 알 수 있다. 이번 연구로 번식과 확산, 진화에 있어 참나무가 전혀 예상치 못한 전략을 썼다는 사실이 밝혀졌고, 연구진은 마침내 참나무의 유럽 점령에 대한 시나리오를 완성할 수 있었다.

　　마지막 빙하기 동안 유럽의 참나무는 남쪽에 피신처를 마련하며 가까스로 삶을 이어갔다. 1만 1천 년 전, 빙하가 자취를 감추면서 다시 기지개를 켠 참나무는 스텝과 타이가를 점령하며 알프스산맥을 돌아 북으로 전진했다. 참나무는 해마다 5백 미터 가량, 빠르게는 1킬로미터까지 서식지를 확장했다. 이는 나무에 터를 잡고 사는 어치, 까치 같은 조류나 노루, 멧돼지, 작은 설치동물 같은 포유류가 열매를 퍼뜨리는 시뮬레이션 모델의 속도보다 네 배 정도 빠른 것이다. 영국의 고식물학자 클레멘트 리드Clement Reid (1853~1916)가 계산한 종자 확산의 평균 거리에 따르면, 빙하기 이후 식물종이 유럽 대륙에 다시 뿌리내리기까지 수십만 년은 족히 걸렸을 것이라고 본다. 그렇다면 1만 1천 년도 안 되는 짧은 시간에 참나무는 어떻게 유럽 땅을 다시 점령할 수 있었을까? 이론과 현상이 괴리되는 '리드의 역설'이 나타났다. 이러한 괴리를 해소하고자, 두 학자는 열매가 이동 경로의 전면을 앞지르며 어버이 나무에서 아주 멀리 떨어진 곳까지 이동했을 것이란 의견을 내놓았다. 여기에 착안해 컴퓨터 시뮬레이션을 실시한 결과, 마치 멀리뛰기를 하듯 확산된 번식의 메커니즘을 확인할 수 있었다. 주요 경로의 전면을 앞지르며 스텝에서 작은 군락을 이루던 참나무들이 빠른 속도로 새로운 서식지를 점령했던 것이다. 그렇다면 과연 누가 열매를 이렇게 먼 곳까지 옮겨다놓은 것일까? 어치나 까치, 까마귀는 월동 준비를 위해 수십 킬로미터 떨어진 곳까지 열매를 운반해 보관한다고 알려져 있다. 새들이 묻어두고 잊어버린 열매가 이듬해 봄, 기존 서식지에서 멀리 떨어진 곳에서 싹을 틔웠을 것이고, 도토리 가루를 먹었던 인간도 빙하에서 해방된 북녘 땅을 개척하러 가는 길에 수없이 많은 열매를 가지고 갔을 것이다. 임시 거처 인근에 열매를 심거나 어린 참나무를 돌보는 방식으로 식량 부족에 대비했을 것으로 추측된다.

더불어, 연구진은 참나무가 새로운 환경에 뛰어난 적응력을 보인 것은 유전적 다양성과 로부르참나무와 페트라참나무의 결합처럼 종간교잡성을 갖추었기 때문이라는 결과를 내놓았다. 그렇다면 이 같은 연구 결과가 암울한 미래를 준비하는 우리에게 무엇을 시사하는가? 몇십 년 후, 기후 변화로 인해 생태계가 위기에 직면할 때 동일한 적응 메커니즘이 발현되기를 바란다. 참나무 서식지가 남쪽을 벗어나 북쪽으로 이동한다는 가정 하에 온대참나무와 지중해참나무가 교잡해 종의 영속성에 결정적인 영향력을 미칠 가능성이 다분하다.

빙하기 이후 참나무가 겪은 이 험난하지만 아름다운 여정은 학계와 임업종사자들, 그리고 대중에게 큰 반향을 일으켰다. 초원을 가로지르며 북상하는 위풍당당한 참나무 전사를 상상하니, 『반지의 제왕』에서 엔트족 수장인 나무수염이 안개산맥에서 아이센 가드로 진격하는 장면이 떠오른다. 이후 우리는 너도밤나무와 서어나무, 느릅나무가 참나무와 유사한 경로로 이동하며 참나무와 동행했다는 사실도 발견했다. 스텝과 북방의 숲, 툰드라는 활엽낙엽수림에게 자리를 양보했다. 그리고 기원전 7천~5천 년, 온화하고 습한 유럽 땅에서 활엽수림은 바야흐로 전성기를 맞이했다. 인간이 숲에서 수렵과 채집을 했지만 환경에 미치는 영향은 미미했다. 신석기시대에 농경과 목축이 시작되면서 땅이 개간되었고 갈로로망인들이 지속적으로 환경을 변화시켜 숲의 풍경도 상당히 달라졌다. 중세시대에 들어 수도승들이 숲을 개간하며 수도원을 세우는 바람에 숲은 완전히 다른 모습으로 변해버렸다. 더 이야기를 하다간 삼천포로 빠질 수 있으니 이쯤에서 본론으로 돌아가자.

이 지점에서 '블랙 페리고르 트러플'의 모험에 대해 이야기하고 싶다. 블랙 페리고르 트러플은 프랑스 남서부 페리고르Périgord 지방에서 나는 검은 서양송로를 뜻하는데, 빙하기 이후 페리고르 트러플이 어떠한 경로로 이동했는지 짚어볼 필요가 있다. 수많은 동식물종의 확산이 참나무의 운명과 밀접하게 연관되어 있기 때문이다. 돌로 만든 아치형 다리의 맨 꼭대기에는 쐐기돌이 있는데, 이 돌이 빠지면 다리는 중심을 잃고 와르르 무너진다. 참나무는 숲의 '쐐기돌'과도 같다. 참나무 한 그루가 고사하면 하나의 생태계가 완전히 붕괴되고, 참나무의 수가 늘어나면 이와 연관된 수백 개의 유기체가 번성한다. 그런데 블랙 페리고르 트러플*Tuber melanosporum*이나 그의 사촌격인 블랙 부르고뉴 트러플*Tuber aestivum*은 참나무와 공생하는 균근성 균류다. 트러플은 수목의 뿌리 사이에 균사를 뻗으며 자라는데, 시간이 흐르고 참나무 서식지가 발달하면 균사망은 더욱 넓어진다. 참나무에 대한 연구가 트러플의 역사를 연구하는 데 새로운 접근 방식을 제시한 것이다. 그렇다면 참나무와 공생하는 트러플은 숙주 나무가 거대한 스텝 지대를 재정복할 때 이들과 동행했던 것일까?

이러한 물음에서 출발한 트러플에 대한 연구는 흥미진진하고 즐거웠다. DNA 지문 기술을 이용해 프랑스에 자생하는 블랙 트러플을 포함하여, 제4기 지질시대에 이탈리아와 스페인 북부로 피신했을 것이라 추측되는 다양한 블랙 트러플을 식별해내고 이들의 유전적 연관성을 파악하는 것이 연구의 목표였다. 종국에는 연구에서 도출한 데이터를 바탕으로 블랙 페리고르 트러플의 분포도를 그리고자 했다. 간단해 보이지만 결코 만만치 않는 미션이었다. 사실, 어렵지 않게 얻을 수 있는 참나무 잎이나 새순과는 달리, 땅속에 묻혀 있는 트러플은 탐지견의 도움 없이는 채취가 불가능하다. 크기는 작지만 어마어마한 몸값을 자랑하는데다가, 트러플 채취꾼들이 진귀한 '블랙 다이아몬드'를 과학의 공물로 바치길 꺼려

했다. 트러플 하나하나가 금값이다보니 어쩌면 당연한 일이었다. 그런데 클레르몽페랑 국립농학연구소INRA de Clermont-Ferrand 소속 학자, 제라르 슈발리에Gérard Chevalier의 탁월한 수완 덕분에 트러플 재배자와 채취꾼 여럿이 1998년 12월에서 2003년 2월까지, 매해 겨울마다 시료용 트러플을 채취해주기로 약속했다. 시민의 참여로 완성되는 또 하나의 훌륭한 연구가 시작된 것이다. 분자생물학 연구실 작업대보다는 새벽안개가 자욱한 숲이 더 익숙한 이들은 호기심 어린 눈으로 실험을 지켜봤고, 새로운 발견으로 이들의 눈이 반짝거릴 때마다 나는 내심 흐뭇한 기분이 들었다.

트러플 본연의 그윽한 향이 나는 노란색 소포가 연구실로 연이어 배달됐다. 트러플에는 비스(메틸싸이오)메테인Bis(methylthio)methane을 포함한 휘발성 물질이 있어 짙은 향을 풍긴다. DNA 채취를 맡은 파트리샤 루이Patricia Luis와 클로드 뮈라Claude Murat는 부서진 버섯에서 올라오는 강력한 향 때문에 숨 쉬는 것조차 힘들어했다. 연구실이 자실체에서 뿜어져 나오는 머스크향으로 진동하는 바람에 동료들은 불만을 토로했고, 결국 이들은 외부와 차단된 공간인 퓸 후드fume hood로 부랴부랴 시료를 옮겼다. 마침내, 파트리샤와 클로드는 프랑스 전역의 트러플 서식지 120곳에서 채취한 220개가 넘는 트러플에서 DNA를 추출해내는 데 성공했다. DNA 추출은 노련한 손놀림을 요하기 때문에 까다로운 작업이다. 일단 흙먼지가 없도록 트러플을 깨끗이 세척한 후 자낭각子囊殼(자실체의 외벽을 감싸고 있는 껍질)을 분리한다. 껍질을 벗기면 나오는 글레바gleba(자실체의 중앙 조직)를 아주 작은 크기로 떼어낸 다음, 이것을 작은 멸균 플라스틱 튜브에 넣고 영하 195도의 액체질소에 담구어 DNA를 손상시킬 수 있는 효소 반응을 미연에 방지한다. 냉각된 트러플 조각을 소형 플라스틱 피스톤으로 곱게 빻은 다음, 세제물 소량과 특정 시약들을 첨가해주면 세포벽이 없어지면서 DNA가 보다 잘 관찰된다. 이러한 과정을 거치면 단백질이 제거되고, 유전자 검사를 방해할 수 있는 타닌 같은 화합물이 부정적인 반응을 일으키지 않는다. 이렇게 얻은 소중한 DNA로 본격적인 유전자 지문 검사가 시작됐다.

후배 연구원들이 시험관 내에서 효소를 이용해 DNA 단편을 증폭시키는 '중합효소연쇄반응PCR'을 이용하여 DNA의 여러 영역을 수백만 배로 증가시켰다. 그런 다음, DNA 시퀀서를 이용해 염기서열을 분석했다. 리보솜 DNA*를 암호화하는 영역을 비롯한 DNA의 여러 영역은 매우 다양한 뉴클레오티드 서열을 갖기 때문에 이를 근거로 균류 개체군을 식별할 수 있다. 개체 간 염기서열

---

* 리보솜 RNA(rRNA)로 발현되는 DNA 염기서열의 총체. 리보솜은 단백질과 rRNA로 이루어진 복합체로, 단백질 합성이 이루어지는 동안 전령 RNA의 번역을 맡는다.

이 얼마나 다른지에 따라 유연관계가 결정되는 것이다. 이를 두고 '유전자 지문 기술'이라고 하는데 흔히 과학 수사물에서 여러 용의자 중 진범을 가려낼 때 사용하는 것이 바로 이 기술이다. 220개의 DNA 서열을 통해 이들의 혈통을 밝혀내는 작업은 매우 흥미진진했다. 처음으로 프랑스 땅에 흩어져 있는 블랙 페리고르 트러플의 개체군 수를 가늠할 수 있었기 때문이다. 당시, 학자들 사이에서는 갑론을박이 벌어졌다. 트러플을 유전자 변이가 거의 없는 균류라고 여겼던 까닭에, 일각에서는 프랑스 전역에 걸쳐 단 하나의 개체군이 참나무와 헤이즐럿나무에 터를 잡고 사는 것이라고 주장했다. 이들은 유전적 변이가 일어나지 않으면, 트러플 향에 영향을 미치는 건 토양뿐이라며 목소리를 높였다. 끝이 보이지 않는 논쟁이었다.

모든 논란을 잠재울 연구 결과가 발표됐다. 트러플의 DNA 염기서열을 분석한 결과, 수많은 개체군을 대상으로 했음에도 서로 다른 유전자 지문이 10여 개밖에 발견되지 않았다. 특히 이 중 2개가 각각 전체의 60퍼센트와 28퍼센트를 차지할 정도로 그 수가 많았는데, 지리적 분포는 상당히 다른 양상을 보였다. 가장 많은 비중을 차지한 것은 프랑스 서부 지역에 서식하고 있었고, 두 번째는 동부에 터를 잡고 있었다. 세 번째는 전체의 7퍼센트밖에 되지 않는데, 동부에서는 프로방스와 론 계곡, 북동부에서는 부르고뉴와 로렌에서만 발견되어 특정 지역에 국한되는 특징을 보였다. 일부 유전자형은 그 수가 굉장히 적고 단일 자생지에서만 존재하는 특징을 보였는데, 에로Hérault에서만 발견된 유전자형을 예로 들 수 있다.

결론적으로, 빙하기 이후에 참나무가 걸어온 여정은 블랙 페리고르 트러플의 지리적 분포를 이해하는 열쇠가 되었다. 개체군 간의 유연관계와 물리적 거리를 비교함으로써 이 고귀한 버섯이 프랑스 국토를 다시 점령하면서 지나온 길을 추정할 수 있었다. 마지막 최대 빙하기 이후에 트러플은 참나무에 찰싹 붙어서 양 갈래로 나뉘진 길을 따라갔다. 하나는 프로방스에서 시작해 론 계곡과 로렌의 석회 지대까지 이어지는 동쪽길이고, 다른 하나는 루시옹과 랑그독을 거쳐 페리고르와 푸아투까지 이어지는 서쪽길이다. 참나무의 이동 경로 중 일부가 트러플의 이동 경로와 완전히 일치하는 것을 보면, 빙하기 이후 식물이 다시 움트던 시기에 '블랙 다이아몬드'가 자신에게 호의적인 숙주와 동행했다는 사실을 알 수 있다.

다수의 트러플 개체군이 존재한다는 사실과 트러플 분포도에 관심을 기울인 것은 학계만이 아니었다. 트러플이 어떠한 방식으로 인간의 감각기관에 변화를 일으키는지에 대해 다시금 논쟁이 시작됐다. 토양의 속성만큼이나 트러플의 유전 형질도 중요하다는 사실 또한 알게 되었다. 이번 연구를 통해 학계는 트러플이라는 공생균의 생태학을 더욱 깊이 이해하게 되었고, 업계에서는 유전적 선별을 통해 고품질의 트러플을 생산하려는 의욕을 내비쳤다. 이를 계기로 트러플 재배자들과의 관계가 돈독해지면서, 새로운 프로젝트들이 시작됐고 그중 일부는 현재까지 진행되고 있다.

트러플은 수백 년 전부터 미식가와 요리사, 부자들에게 추앙받아온 진미 중에 하나다. 연구 결과가 발표되자마자 언론에선 앞다투어 이를 보도하며 트러플의 비밀을 캐내고자 했다. 블랙 페리고르 트러플의 생태에 관한 연구 결과가 주요 신문의 지면을 꽉 채웠다. 프랑스 방송뿐 아니라 해외 언론에서도 해마다 크리스마스가 되면 우리 연구실로 촬영팀을 보내 다큐멘터리를 촬영했다. 실제로 일본인들은 고급스러운 프랑스 미식의 상징인 트러플을 상당히 좋아한다. 언론 보도는 일반 대중에게 연구 결과를 알리고 식물과 균류의 생태에 관한 기초 지식을 전달하는 좋은 기회가 되었다. 젊은 학자들에게 조언을 하자면, 연구 대상을 선정할 수 있는 자유가 주어진다면 주저 말고 진귀하거나 유명한 요리에 쓰이는 식용버섯을 택하라고 말하고 싶다. 치즈에 관한 미생물 생태학을 연구하는 나의 동료들도 치즈 제조 과정에서 나타나는 박테리아와 균류 공동체의 역할을 연구 주제로 삼은 덕분에 언론의 전파를 탈 수 있었다. 학자라면 대중의 호기심을 유발하는 공통의 주제에 관심을 기울이고, 연구를 지원하는 기관의 강도 높은 요구에도 부흥하며 사회에 유익을 가져다 줄 프로젝트를 선정해야 한다.

빙하기 이후, 참나무와 트러플이 걸어온 기나긴 여정은 숲이 불변의 세계가 아니라는 놀라운 사실을 일깨워주었다. 숲 한가운데에 우뚝 선 나무들이 바람에 바스락대는 소리를 듣고 있으면 왠지 태초부터 이곳에 숲이 존재했을 것만 같은 느낌이 든다. 하지만 어림없는 소리다. 만약 당신이 1만 1천 년 전, 이곳에 있었다면 대초원에 휘몰아치는 차디찬 눈보라 때문에 제대로 서 있을 수 없었을 것이다. 숲은 끊임없이 진화한다. 세상에 모습을 드러내고 풍요를 누리다가 이내 사라진다. 숲은 보이지 않는 가혹한 변화를 고스란히 감내한다. 인간의 눈으로 감지할 수 없는 미미한 속도로 움직이며, 계곡의 밑바닥을 점령하고 대초원을 뒤덮는다. 보이지 않는 것은 수많은 나무들 사이에서 이루어지는 협력 또는 경쟁 관계를 의미하기도 한다. 태양이 이끄는 빛은 나무 사이를 가로지르며 춤을 춘다. 빛을 향한 전투에서 인정 따윈 허용되지 않는다. 폭풍우에 나무가 쓰러지면 서로 빈자리를 차지하려고 맹렬히 달려든다. 은밀한 곳에 숨어있는 균근 조직도 나무에 양분을 주며 촘촘한 망을 형성한다. 균류의 은밀한 공조는 숲이 원활히 기능하는 데 꼭 필요한 조건이다. 따라서 과학자들은 균류를 찾아내고 분석하고 연구하여 이들을 '보이는, 이해 가능한 존재'로 만들어야 한다.

지난 세월 동안 참나무와 트러플은 긴밀한 관계 속에 동행을 이어왔다. 많은 진전이 있었지만 여전히 밝혀내지 못한 숲과 균류의 보이지 않는 영역이 존재한다. 앙투안 크르메와 레미 프티의 연구는 우리에게 영감을 주었고 가설의 일부를 구체화시켰으며 연구 결과를 분석하는 데 영향을 미쳤다. 이렇게 과학은 한 발자국씩 앞으로 나아간다. 발견과 새로운 생각, 혁신적인 사고는 지난한 연구의 길을 밝혀주는 빛이 된다. 내가 읽은 수천 편의 논문과 내가 갔었던 수백 번의 콘퍼런스가 비옥한 토양을 형성했다. 나는 이 땅에 작은 씨앗 몇 개를 심었고, 씨앗은 어느덧 싹을 틔워 나의 뉴런에까지 넝쿨손을 뻗었다.

4장 버섯계의 아이콘, 광대버섯

이리로 와서 사슴처럼 마셔라! 불멸의 술, 소마(Soma)를 네가 원하는 만큼 들이켜라. 너는 매일 강해지고 또 강해지다가, 마침내 힘의 절정에 도달할 것이다.

로버트 고든 왓슨(Robert Gordon Wasson)의 『소마: 불멸의 버섯 신』 중에서

지구상에 존재하는 가장 큰 생물체는 다름 아닌 뽕나무버섯이다. 신기한 사실이기는 하나 뽕나무버섯은 학계에서만 유명하지 일반 사람들은 잘 모르는 버섯이다. 마트에서 흔히 접하는 양송이를 제외하고 우리에게 가장 잘 알려진 버섯은 단연, '광대버섯'이다. 스머프를 필두로 꼬마 악마, 땅의 요정, 두꺼비 등 허구 속 인

물들은 버섯으로 집을 짓거나 이를 발받침으로 사용하곤 한다. 크리스마스트리를 장식하는 오너먼트로도 쓰이는 광대버섯은 프랑스 모르방Morvan에서 러시아 캄차카Kamtchatka에 이르는 광활한 땅의 수많은 설화와 전설에 단골로 등장한다. 라플란드Lapland와 시베리아의 샤먼들은 아주 오래전부터 광대버섯을 이용해 무아지경에 빠진 뒤 신을 영접하려는 시도를 했다.

늦여름, 비 내린 숲을 걷다보면 나무 아래에서 돋아난 광대버섯을 마주치는 일이 제법 있다. 달걀같이 둥그런 것이 땅 위로 올라와 있고, 20센티미터쯤 되는 하얀 자루 끝에는 접시만큼 커다란 모자가 씌워져 있다. 선명한 붉은 빛의 갓에는 하얀 사마귀가 오돌토돌 나 있어 시선을 사로잡는다.

광대버섯은 세계 곳곳에 퍼져 있는데, 주로 북반구 온대 이북 지역의 침엽수와 활엽수로 구성된 혼합림에서 자란다. 그 자태가 너무 우아해서 광대버섯을 발견할 때마다 사진을 찍는데도 전혀 질리지 않으니 묘한 마력이 있는 것이 분명하다. 또한 그물버섯 Boletus edulis과 서식지를 공유하기 때문에 채취꾼들에게는 버섯을 한아름 안겨줄 길조로 통하기도 한다.

광대버섯은 고등 균류의 아이콘이다. 고등 균류를 대형 균류라고도 부르는데, 숲이나 풀밭에서 채취하며 갓에 색깔이 있고 외관이 독특해서 눈에 잘 띄는 균류를 의미한다. 하지만 수백만의 균종 중에 1퍼센트도 안 되는 극소수만이 이처럼 포자를 형성하는 커다란 자실체를 갖고 있다. 대부분은 현미경으로 봐야할 만큼 크기가 작은 균류로, 일생의 대부분을 보이지 않는 존재로 살아간다. 효모나 곰팡이, 녹병균, 깜부기균 등이 이에 속하는데, 이들은 세포 몇 개가 들어있는 아주 작은 공간에서 포자를 생성한다.

광대버섯처럼 갓이 있는 버섯은 식물에 붙은 채로, 주로 풀밭이나 나무더미, 또는 숲에서 자생한다. 디드로Diderot와 달랑베르d'Alembert가 1751년에서 1772년까지 편찬한 『백과전서 또는 과학, 기술, 공예에 관한 합리적 사전Encyclopédie, ou dictionnaire raisonné des sciences, des arts et des métiers』을 보면, '이 과科에 속하는 식물은 살이 많고 부드럽거나 아니면 해면 모양의 괴경으로 되어 있는데, 잎이나 뿌리가 잘 보이지 않는다. 이 중에는 뿌리 대신 갈조류가 부풀어 오른 모양을 한 것들도 있다. 또 어떤 것들은 섬유 가닥이 불규칙하게 엉켜 그물 조직을 형성하는데, 이 중 일부는 어미를 닮은 후대를 생산한다'고 설명한다.

그러나 균류는 식물이 아니다. 균류의 형태학적 · 생물학적 특성이 워낙 독특해서 생물을 5계界로 분류한 미국의 식물생태학자, 로버트 휘태커Robert Harding Whittaker(1920~1980)도 식물계Plantae와 동물계Animalia 옆에, 균계Fungi를 별도로 추가했다. 이에 따라 'Mycota'라고도 표기하는 균계는 별도의 '분류군'을 구성한다. 학자들이 말하는 분류군이란 공통된 형태학적 형질이나 특정 집단에서만 나타나는 지표 형질에 따라 모든 생물체를 하나의 개념적 단위로 묶는 것을 의미한다. 균계에는 커다란 자실체를 생성하는 버섯을 비롯하여 다른 종류의 다세포 진핵 미생물과 앞서 언급한 아주 작은 크기의 균류가 있다. 이처럼 계는 생물을 구분 짓는 광범위한 단위로, 하위에 다양한 분류가 존재한다.

식물처럼 균류는 움직이지 않고, 세포벽은 두껍고 견고해서 외부의 공격으로부터 세포를 보호하는 갑옷 같은 역할을 한다. 하지만 균류의 세포벽은 식물처럼 페놀 화합물의 일종인 리그닌과 포도당이 결합한 셀룰로오스가 없는 대신 갑각류의 딱딱한 표피를 만드는 키틴이 함유되어 있다. 고등 식물과는 다르게 균류에는 뿌리나 줄기, 잎이 없다. 식물의 잎에는 소형 태양열 발전소인 엽록체가 있기 때문에 태양 에너지를 이용해 대기 중의 이산화탄소가 당으로 변형되는 광합성을 한다. 균류는 동물과 마찬가지로 이산화탄소로부터 당을 합성할 수 없기 때문에 외부의 유기 물질에 의존해야 하는 종속영양생물이다. 그래서 물질대사나 생존에 필요한 에너지를 얻고 균사체라는 망상 조직을 촘촘히 짜려면, 식물이 만들어냈거나 동물 세포에 축적된 당을 소비할 수밖에 없다. 또 균류는 식물처럼 녹말을 축적하는 것이 아니라 동물처럼 글리코겐이라는 다른 종류의 당을 축적하는데, 동물과는 달리 소화기관이나 호흡기관이 존재하지 않는다. 따라서 동물처럼 유기물을 섭취하는 것이 아니라 외부로부터 영양분을 직접적으로 흡수해 살아가야 하는 운명이다. 균류의 물질대사에 필요한 유기물과 무기물은 세포벽과 세포막을 통과한 후 세포 안에서 대사화된다.

분류학자들은 생물의 세계를 보다 잘 이해하기 위해 혼재되어 있는 개념을 정리하고 각각의 생물에게 이름을 부여했다. 시간이 흐르고 분류학이 정교해지면서 일정한 규칙에 따라 생물을 열거하고 분류하게 되었는데, 이를 '계통발생적 분류'라고 부른다. 이 분류 체계에 따르면 모든 종류의 종이나 분류군은 공통된 조상에서 전해진 형태학적·해부학적·유전학적 특징을 공유한다. 이에 따라 균계에는 약 12가지의 문門이 존재하는데, 크게는 하등 균류(호상균문과 취균문 등)와 고등 균류(자낭균문과 담자균문 등)로 나뉜다. 이러한 균류는 약 10억 년 전부터 지구상에 존재했을 것이라 추측한다. 육상 식물이 출현하기 훨씬 이전의 일이다.

그렇다면 아주 오래전에 등장한 이 균류들의 특징에 대해 살펴보자. 담자균문은 담자기라 부르는, 현미경으로 봐야 관찰 가능한 야구 방망이 모양의 세포 끝에 포자를 형성한다. 담자균문이라는 이름이 붙은 것도 바로 이 때문이다. 통상 '버섯'이라고 부르는 이 계통에 속하는 대부분의 종은 담자균강에 속한다. 담자균강에는 1백 개가 넘는 과科와 1천 1백 속屬, 2만 1천 종이 있고, 이는 학계에 보고된 담자균문의 3분의 2에 해당된다. 광대버섯류나 양송이버섯이 갓 아래에 있는 주름살 표면에 담자기를 형성하는 반면, 그물버섯류는 관 깊숙한 곳에 담자기가 들어있다. 버섯의 갓은 비로부터 포자를 보호하는 '생물학적 우산'으로 번식에 있어 중요한 역할을 담당한다. 반면, 자낭균문의 경우 '자낭子囊'이라고 부르는 작은 주머니 안에 포자가 형성된다. 이 계통에 속하는 균류 중에 사람이 인위적으로 배양하는 것들도 많다. 예컨대 빵이나 맥주, 와인, 치즈에 사용하는 효모를 비롯해, 모렐버섯이라 부르는 곰보버섯이나 트러플처럼 고급 요리에 사용되는 버섯들이 있다.

이렇게 분류 체계를 갖춘 균류는 18세기 스웨덴의 생물학자 칼 폰 린네Carl von Linné가 고안한 이명법에 따라 다른 모든 생물들처럼 두 단어로 된 고유 명칭을 가진다. 이명법이란 처음에는 속명屬名을 쓰고 그 다음에 종명種名을 붙여 생물 하나하나를 명명하는 생물분류법이다. 예를 들어, 속칭 광대버섯이라고 알려진 버섯의 학명은 이 법칙에 의해 아마니타 무스카리아Amanita muscaria가 된다. 버섯은 자실체의 형태학적 특징에 따라 개체를 식별·분류하는 반면, 다른 균류들은 균사 조직의 특징에 근거에 개체를 구분한다. 하지만 오늘날 개체를 식별하는 데 있어 가장 효율적인 방식으로 각광받는 것은 유전 정보가 담긴 DNA의 염기서열을 분석하는 것이다. 버섯의 DNA 안에는 리보솜 DNA의 복제본이 수십 개 존재하는데, 바로 이것이 분석의 타깃이 된다. 같은 종에 속하는 모든 개체들은 리보솜 DNA를 형성하는 염기배열이 동일하다. 예컨대 광대버섯에 속하는 개체들은 DNA를 구성하는 뉴클레오타이드인 A, T, G, C의 염기배열이 같지만 알광대버섯의 경우 이 배열이 약간 다르게 나타날 것이다. 염기배열을 해독하는 기계인 DNA 시퀀서로 분석해보면 근소한 차이가 있다는 사실을 쉽게 알 수 있다. 이 외에 균류를 구분 짓는 대부분의 기준은 모양 또는 갓이나 주름살, 관의 유무, 포자의 색깔, 턱받이의 유무 등과 같은 형태학적 특징들인데 냄새나 맛 같은 다른 종류의 기준도 이에 포함될 수 있다.

숲에서 버섯을 구별하는 법을 배우고 싶다면 가을이 적격이다. 가을이 되면 숲에 각양각색의 버섯들이 옹기종기 피어나는 것을 볼 수 있다. 풀밭이나 나무 밑의 흙은 촉촉하고 공기는 습기를 잔뜩 머금는다. 이렇게 습한 환경이 갖춰지면 땅속에 있는 균사체는 더 넓게, 더 깊숙이 뻗어 나가고, 7~10도 차이로 기온이 급격하게 떨어지면 균류는 버섯이라는 생식 기관을 땅 위로 밀어내기 시작한다. 습도가 35~50퍼센트 정도일 때 자실체가 형성될 수 있는 조건이 만들어진다. 먹물버섯류나 주름버섯처럼 고등 균류의 대부분은 미미한 크기의 발달 초기부터 갓과 자루를 구성하는 조직이 형성된다. 버섯은 이렇게 처음에는 작지만 수분을 대량으로 흡수하면서 몸집이 점점 비대해진다. 균류의 생식 기관이 얼마나 놀라운 속도로 자라는지 잘 보여주는 예가 바로 먹물버섯이다. 먹물버섯의 자실체는 24시간도 안 되는 짧은 시간에 무려 20센티미터 가량 솟아오른다. 우리가 부식토나 낙엽 더미, 심지어 길가에서 마주치는 그물버섯은 어쩌면 간밤에 태어난 것일지도 모른다.

자실체는 불현듯 나타났다 금세 사라지는 덧없는 운명을 타고났다. 늦여름에서 늦가을까지 엄청난 양의 비가 쏟아지면 균류는 자실체를 땅 위로 내밀 준비를 한다. 죽은 식물의 잔해나 흙 속의 균사 조직에서 현대 과학이 여전히 풀지 못한 형태학적·유전학적 과정이 일어나 포자가 발아한다. 그물버섯의 경우, '원기原基'라고 부르는 이 단계에서 이미 실타래 구조가 형성되는데, 약 열흘후에 이것이 최고의 풍미를 자랑하는 영양체 덩어리가 된다. 숲에서 버섯을 채취해봤다면 민달팽이나 풍뎅이, 구더기가 버섯을 먹은 흔적을 자주 목격했을 것이다. 포식자의 공격에서 살아남은 자실체는 단 몇 시간 또는 며칠 만에 자신의 몸집을 최대치로 키워낸 후 짧은 생애를 마칠 준비를 한다. 자실체의 조직 속에 소화 효소가 대량으로 축적되면서 스스로 소멸하거나 곤충에게 잡아먹히고 만다. 쇠약해진 갓에서 포자가 방출되는데, 땅에 떨어지거나 바람에 날리고 달팽이나 곤충에 의해 운반된 포자는 새로운 땅에서 발아한다. 이러한 버섯의 생애는 대부분 며칠 만에 그 여정을 끝내는데 더러는 이보다 짧은 경우도 있다. 먹물버섯의 자실체는 빠른 속도로 자라 먹음직스런 결실을 맺지만 단 몇 시간 만에 사그라지고 만다. 종처럼 생긴 작은 갓에서 마치 먹물이 뚝뚝 떨어지는 듯한 이 버섯을 길가에서 우연히 마주친다면 아마 그냥 지나치기는 힘들 것이다.

생식 기관에 해당하는 버섯의 갓이 지니는 유일한 기능은 포자를 품고 비에 젖지 않게 이를 보호하며 성숙한 포자가 멀리 퍼지도록 돕는 것이다. 나무 그루터기나 풀밭에서 흔하게 발견되고 채취해서 먹기도 하는 부위가 균류의 생식 기관인 자실체다. 자실체는 크게 자루와 갓, 그리고 갓 아래에 생식을 담당하는 자실층으로 구성되어 있다. 개성 넘치는 외모를 좋아하는 균류의 특징을 반영이라도 하듯 자실층도 다양한 외형을 띤다. 광대버섯에는 주름이 있고 꾀꼬리버섯은 물결치듯 일렁이며 턱수염버섯은 바늘이 달려 있다. 그물버섯에는 관이 있으며 곰보버섯은 벌집 모양이다. 말불버섯처럼 어떤 종들은 사람의 위胃를 닮은 구형의 자실체를 형성한다.

버섯의 다양한 외형과 색깔을 유전 형질의 영속과 관련지어보면, 버섯이 얼마나 기발한 전략가인지 새삼 감탄하게 된다. 갓의 구조는 중력을 효과적으로 이용해 성숙한 포자가 멀리 퍼지도록 만들어졌다. 밤버섯이나 먹물버섯, 양송이버섯의 갓은 이 같은 위장술로 시간당 5천만 개의 포자를 쏘아 날릴 수 있는 소형 발사 장치 수백만 개를 보호한다. 갓의 세심한 비호 속에 바깥 세상으로 던져진 포자는 미지의 땅에 정착해 새로운 모험을 시작한다. 그물버섯은 왕성한 번식력을 자랑하며 2주 만에 1백억 개의 포자를 생성해낸다. 하지만 인해전술에서는 구멍장이버섯의 하나인 잔나비불로초 *Ganoderma applanatum*가 우세인 듯싶다. 매일 3백억 개의 포자를 방출하는 잔나비불로초는 3월부터 9월까지 무려 4조 5천억 개의 포자를 퍼뜨린다.

방출되는 전체 포자의 95퍼센트가 갓에서부터 1미터도 되지 않는 땅에 떨어지기 때문에 균류는 포자 확산을 위한 실로 다양한 전술을 고안해냈다. 버섯이 땅 위로 고개를 내민 후 며칠이 지나면 진드기와 달팽이, 풍뎅이 등이 버섯의 갓을 갉아먹는다. 이렇게 다른 생물체의 몸속으로 들어간 포자는 번식의 태세를 갖추며 머나먼 여정을 떠난다. 풀밭에서 흔히 볼 수 있는 말불버섯은 작고 하얀 공 모양인데, 그 속에 먼지처럼 날리는 포자를 무수히 포함하고 있다. 성숙한 포자는 아주 작은 압력에도 작은 화산이 분출하듯 공기 중으로 흩어진다. 트러플은 건조한 환경을 피해 땅속에 자실체를 생성하는데, 가을에 크기가 커지면서 내부가 포자로 채워진다. 트러플의 강력한 향에 이끌린 멧돼지와 설치류는 땅속을 파헤쳐 트러플을 찾아낸다. 동물 유인에 성공한 포자는 기꺼이 먹잇감이 되어 숲 어딘가에 배설물로 버려지고, 이렇게 새로운 생을 시작한다. 말뚝버섯_Phallus impudicus_은 봉긋하게 올라온 자실체의 꼭대기에 거무스름한 포자를 생성하는데, 특이하게도 고기 썩는 냄새를 풍긴다. 냄새의 유혹을 참지 못하고 버섯에 앉은 파리의 발에 포자가 붙고, 이러한 방식으로 포자는 더욱 멀리 이동한다. 그리 아름다운 장면은 아니지만 자신의 유전 형질을 후대에 남기는 매우 효과적인 방법임엔 틀림없다.

외생균근의 포자는 삐죽삐죽한 침으로 장식된 경우가 많다. 미세한 침을 이용해 톡토기 등 절지동물의 껍데기에 걸린 포자는 동물의 이동 경로를 따라 부엽토 속에 파묻히거나 잔뿌리까지도 다다를 수 있다. 이렇게 이동한 포자는 보다 쉽게 숙주 식물과 상호작용할 수 있는 기회를 얻는다.

광대버섯이나 그물버섯은 수십억 개의 포자, 즉 셀 수 없을 만큼 많은 잠재적 후손을 단 며칠 만에 생산해낸다. 엄청난 에너지와 양분을 동원하면서 이렇게 많은 포자를 만드는 이유는 뭘까? 이유는 간단하다. 포자가 생존에 성공할 확률이 현저히 낮기 때문이다. 바람이 불지 않으면 성숙한 포자는 수많은 형제들과 함께 갓 아래로 뚝 떨어진다. 좁은 공간에서 북적거리는 포자들에게 형제 간의 우애 따윈 없다. 양분을 차지하기 위한 사투를 벌인 끝에 승리하는 자만이 안착의 영광을 누린다. 운이 좋아 바람을 타고 먼 곳까지 가더라도 시냇물이나 지렁이 뱃속, 산책로 등 엉뚱한 곳에 도착해 대가 끊기는 비극을 맞기도 한다. 광대버섯의 포자가 양분이 풍부하고 습한 땅에 떨어진다면 균사를 틔울 수 있을 것이다. 하지만 포자에서 나온 균사가 깊은 곳까지 재빨리 침투하지 않는다면 진드기나 톡토기의 무자비한 공격으로부터 자유로울 수 없고, 몸은 점점 더 메말라 갈 것이다. 하지만 이게 끝이 아니다. 흙 속을 더듬으며 숙주의 잔뿌리를 찾아내고 접촉을 시도한 끝에 공생을 맺어야만 비로소 험난한 여정에 마침표가 찍힌다. 균류가 일찍이 생을 마감할 확률이 이렇게나 높기 때문에 버섯은 천문학적인 수의 포자를 생산하는 것이다.

균류의 번식은 오랜 세월의 진화를 통해 최적화된 유전적 메커니즘에 의해 통제된다. 실제로, 계통상 진화시기를 추적하는 방법인 분자시계를 근거로 계통분류학적 분석을 한 결과, 균류Mycota는 아주 오래전 바다에서 동물과 공통된 조상에서 갈라져 진화한 것으로 추측하고 있다. 하지만 현재까지 이 같은 사실을 확인시켜 주는 균류 화석은 관찰되지 않았다. 동물과 식물, 균류를 탄생시킨 조상들은 이들 생물체가 대륙으로 이동하기 전에 이미 분화한 것으로 보인다. 이 중 균류와 동물의 공통 조상은 엽록소가 없는 '원생생물'로, 거센 논란에도 일부 과학자들이 '최초의 동물'로 간주하는 단세포 생물이다. 게놈 서열의 분석과 비교 덕분에 오늘날 우리는 균류가 식물보다는 동물에 가깝다는 사실을 알게 되었다.

약 5억 4천 1백만 년 전부터 2억 5천 2백만 년까지 지속된 고생대에 균류와 식물, 동물은 고대 바다인 테티스 해의 따뜻한 물을 포기하고 아무도 가지 않은 미지의 땅, 곤드와나Gondwana와 로라시아Laurasia 초대륙으로 향했다. 아쉽게도 최초의 육상 식물과 공생 또는 기생 균류 간에 상호작용이 있었던 것으로 추측되는 화석의 흔적은 아직까지 발견되지 않았다. 식물과 균류 포자에 관한 최초의 화석은 약 4억 6천만 년 전의 것으로 추정되지만, 이들 포자를 생성했던 생물체의 화석은 발견되지 않았다. 최초로 육지에 생물 공동체가 서식하기 시작하면서 땅 위의 경관은 이전과는 다른 모습을 연출했을 것이다. 균류와 조류, 박테리아, 지의류, 이끼를 닮은 생물들이 모여 있고 그 사이로 절지동물들이 지나다녔을 것이다. 그로부터 수백만 년이 지나 잎도 뿌리도 없는 작은 크기의 원시 식물이 육지에 등장했다. 수백만 년간 지속된 냉혹한 자연선택의 법칙에 따라 마침내 식물은 육지라는 척박하고 낯선 환경에 적응했다. 표면에 수분 증발을 막는 큐티클층이 생기면서 천금 같은 물을 저장해 세포 조직을 부풀렸고, 단단한 줄기 덕분에 중력에 맞서는 힘이 생겼다. 불완전한 형태이긴 하지만 잎은 태양 에너지를 효과적으로 흡수했고, 잎에 난 기공으로 증산 작용을 조절하고 '호흡'했다. 더불어 생식 기관이 생겨나고 번식이 가능해지면서, 비로소 다세포 배아를 안전하게 품을 수 있는 환경이 마련됐다. 비록 영양분은 잘 흡수하지 못하지만 몸을 지탱해주는 헛뿌리를 갖추게 되었고, 후에는 뿌리를 형성해 땅속에 존재하는 미미한 양의 무기양분을 흡수하면서 더욱 깊숙이 파고들어가 제 몸을 고정시켰다. 식물이 리그닌으로 된 줄기를 생성하면서 일찍이 목질이 식물의 역사에서 모습을 드러냈다. 가장 오래된 목질이 프랑스 아르모리크Armorique 산악 지대에서 발견되었는데, 약 4억 7백만 년 전의 것이었다.

최초의 식물들이 출현하면서 진드기, 거미, 톡토기, 노래기, 선형동물의 수도 늘어났다. 균류는 산을 분비해 토양의 무기질층을 효과적으로 녹이는 능력을 지녔고, 더불어 효소를 방출해 동식물의 유기물을 분해하는 기능을 했다. 이러한 기반이 확립되지 않았다면 아마 관다발 식물은 발달하지 못했을 것이다.

약 4억 2천 5백만 년 전인 실루리아기에 늪이나 호수, 강 연안에 크기가 아주 작은 식물들이 무성하게 자라기 시작했다. 하지만 어떤 균류가 뿌리가 없는 이 덩굴 식물들 곁에 살았었는지는 아직 확인되지 않았다.

약 4억 7백만 년 전에 시작된 데본기 초기에는 한층 더 진화된 식물들이 출현했다. 관다발 식물, 즉 양분이나 수분을 순환시키는 통도 세포가 있는 식물이나 그 이전 형태의 식물들이 대륙을 뒤덮었다. 초기 육상 식물을 연구하는 고식물학자들은 스코틀랜드 라이니 지방에서 발견된 암석들을 연구하는데, 이 지방은 다양한 고대 생물들의 흔적이 풍부하게 남아있어 화석의 보고로 여겨진다. 연구의 대상이 된 것은 '라이니 처트Rhynie Chert'인데 대부분 이산화규소로 구성된 퇴적암으로, 약 4억 7백만 년 전 데본기 초기에 형성된 것들이다. 고식물학자들에게 라이니는 그야말로 신의 은총이나 다름없다. 화산 폭발에서 나온 무기물 덕분에 식물과 균류가 잘 보존되어 있어 까마득한 과거의 생태계를 확인시켜주는 소중한 자료이기 때문이다. 식물은 지표면에서 몇 센티미터 정도 올라온 상태에서 이산화규소로 채워진 따뜻한 물 가까이에 살았는데, 이산화규소 덕분에 육상 생물의 연약한 구조가 효과적으로 보존될 수 있었다. 호르네오피톤 리그니에리Horneophyton lignieri, 아글라오피톤 마유스Aglaophyton majus, 라이니아 긴보가니Rhynia gwynnevaughanii와 같이 10여 종의 유관속 식물 이전 형태에 해당하는 화석들이 발견되었는데, 이들 식물은 고작 몇 센티미터 정도 되는 얕은 지층에 가느다란 헛뿌리를 뻗으며 생활했다.

　런던과 파리에 있는 자연사 박물관에는 라이니뿐 아니라 다른 지역에서 발굴한 경이로운 식물 화석 컬렉션이 전시되어 있다. 그런데 백발의 고리타분한 학자들이 화석 연구에 몰두하고 있다고 생각한다면 오산이다. 요즘에는 최신 과학 기술을 기반으로 계통발생학에 새롭게 접근하려는 패기 넘치는 과학자들이 주류를 이룬다. 이들은 분자생물학과 유전학을 이용해 종의 유전자적 변형을 연구함으로써 생물의 근원을 밝히고자 한다. 영국 자연사 박물관의 고식물학자인 폴 켄드릭Paul Kenrick과 크리스틴 스트룰루데리언Christine Strullu-Derrien은 기존의 관찰 도구뿐 아니라 공초점 레이저 현미경Confocal microscopy이나 X선 마이크로토모그래피X-ray microtomography와 같은 최신 기기들을 사용하여 화석을 쪼개지 않고도 3D 이미지를 구현해내 생물체의 모습을 확인한다. 물론 이들은 동시에 라이니 화석이 발견됐을 당시 제작된 현미경 표본을 살펴보기도 한다. 과거에 학자들은 화석을 두께 30미크론(μ) 정도의 슬라이드로 잘라 현미경 표본 백여 개를 만든 다음, 그 안에서 발견되는 생물체의 특징들을 연구했다. 과거에 제작된 표본을 다시 꼼꼼히 살펴보다가 뜻하지 않는 보물을 발견하는 행운이 찾아오기도 한다. 크리스틴은 하루 종일 지겹도록 현미경만 들여다보던 중, 호르네오피톤 리그니에리의 줄기에 있는 세포에서 균사 조직을 발견했다. 균사를 따라 올라가며 침착하게 조직의 단면을 살펴보던 크리스틴은 갑자기 심장이 요동치는 것을 느꼈다. 그녀가 식물 세포에서 발견한 것은 덤불처럼 엉켜있는 구조와 포자로, 수지상체임에 의심할 나위가 없었기 때문이다. 이것은 오늘날 수지상 내생균근에서 발견되는 균사의 확장 형태와 유사했고, 세포 사이에 존재하는 수지상체는 포자와 균사 조직에 잘 연결되어 있었다. 글로메로균문에 의해 형성된 수지상 내생균근의 모든 속성이 현재까지도 지속되는 것이다. 뿐만 아니라 이 같은 균근 구조가 아글라오피톤 마유스의 줄기에서도 발견됨으로써 먼 옛날, 라이니 지방의 식물들이 균근성 균류와 공존했다는 사실이 밝혀졌다.

황량한 육지에서 살아남아야 했던 식물과 균류는 동맹을 선언했고 이들의 협력 관계는 오늘날까지도 지속되고 있다. 균근이라는 방식을 통해 생존을 보장받고 육지라는 새로운 환경에 적응했던 것이다. 서로를 이롭게 하는 공생은 육상 식물의 진화에서 괄목할 만한 변혁을 일으켰다. 런던 자연사 박물관을 방문했을 때 아글라오피톤과 호르네오피톤의 흔적이 고스란히 남아있는 라이니 암석 조각을 손으로 만질 수 있는 기회를 얻었다. 이루 말할 수 없는 감정에 사로잡혀, 나는 무려 4억 7백만 년을 존속해온 식물들을 어루만졌다. 내 눈앞에 있는 이 암석 조각이 지구의 과거를 밝혀주는 열쇠라니 벅찬 감동이 밀려왔다.

다시 본론으로 돌아가서 지구 생물체의 역사에 대해 살펴보자. 데본기 중기에 식물종의 수가 급격하게 증가했다. 양치류의 조상이라 할 수 있는 클라도그쉴로프시드스*cladoxylopsids*가 12미터 정도 되는 나무를 생성하면서 최초의 숲이 형성되었다. 겉씨식물의 조상에 해당하는 아르카이오프테리스 또는 현재의 목본과 흡사한 최초의 석송식물들이 깊은 땅속까지 침투하며 번성했다. 현재까지 이 나무들과 균류의 연관 관계에 대해서는 밝혀진 바가 전혀 없다. 오늘날에는 더 이상 남아있지 않은 최초의 종자식물인 양치종자류가 데본기 후기에 등장했다. 지금으로부터 3억 년 전인 석탄기가 끝날 무렵, 데본기를 지나 석탄기로 넘어온 석송나무들이 적도 연안의 늪지대를 무성하게 덮었다. 보주산 산책길에서 마주치는 자그맣고 끝이 뭉뚝한 석송류의 조상이 석탄기에 번성했던 거대한 봉인목封印木의 후손이라니, 도무지 믿기지 않는다. 건조한 지대의 경사면에서 구과球果 식물과 유사한 코르다이테스*Cordaites*가 무성하게 자라났는데, 현지의 구과 식물과 완전히 동일한 구조의 뿌리를 갖고 있었다.

이 두 종류의 식물에서 수지상균근이 서식하고 있는 모습이 확연하게 관찰되었다. 2억 2천만 년 전인 트라이아스기에 안타르티키카스 스콥피*Antarcticycas schopfii* 같이 남극을 뒤덮은 소철의 조상들도 수지상균근을 가지고 있었다. 이후, 일찍이 에오세에 지구에 서식했던 자이언트 세쿼이아의 조상들도 약 5천만 년 전, 뿌리에 동일한 수지상균근을 품고 있었다. 같은 시기에 열대 지역에서는 소나무와 이엽시과二葉柿科의 수종들이 외생균근성 균류와 동맹을 맺었다. 이후, 기후가 점차 추워지면서 오늘날과 같은 숲이 형성되었다. 우리가 익히 알고 있는 그물버섯류, 꾀꼬리버섯류, 젖버섯류,

무당버섯류 등의 외생균근성 균류가 온대 이북 지역에 서식하는 나무들과 긴밀한 공조를 펼치며 개체 수를 늘려갔다. 이들의 동맹은 이렇게 태곳적부터 시작된 것이었다.

육상 식물의 출현부터 균근성 균류가 식물과 동행했다는 사실에는 이론의 여지가 없지만, 균류라는 조력자가 없었더라면 식물은 육지를 정복하지 못했을 것이라는 주장에는 의견이 분분하다. 원시 식물에게 균근성 균류와의 협력은 필수불가결한 선택이었다. 가뭄을 이겨내고 양분이 턱없이 부족한 토양에서 살아남고, 기생충의 공격을 막으려면 공생균이 필요하기 때문이다.

연구용으로 보관하고 있는 균근성 균류 화석이 많지 않아 식물과 균류의 상호작용에 대한 진화의 역사를 재조명하기란 쉽지 않다. 하지만 고식물학자들은 낙담하기보다는 되레 긍정적이며 열정적이기까지 한데, 이는 아마도 현재 북극과 남극, 중국에서 화석 발굴이 한창인지라 학계의 관심이 집중되고 있기 때문일 것이다.

현재까지 균사체나 자실체 화석에 대해 우리가 알고 있는 사실은 극히 일부분이다. 균사체와 자실체는 상당히 약한 구조로, 화석으로 새겨지기 전에 대부분 소멸되고 만다. 그렇지만 라이니 처트에서 발견된 화석 중 4억 7백만 년 전에 살았던 자낭균류의 화석인 팔레오피레노미케테스 데보니쿠스*Paleopyrenomycetes devonicus*에서 포자 주머니를 달고 있는 균사체가 발견되기도 했다. 가장 오래된 담자균류 균사체 화석은 석탄기에 속하는 약 3억 7백만 년 전의 것이다. 하지만 자실체는 벌레에게 먹히거나 빠른 시간 안에 분해돼버리기 때문에 화석으로 남는 일은 극히 드물다. 이런 관점에서 볼 때, 일리노이대학의 고생물학자 샘 헤드Sam Heads와 그의 연구팀이 곤드와나가리키테스 마그니피쿠스Gondwanagaricites magnificus를 발견한 것은 실로 대단한 성과가 아닐 수 없다. 이들은 브라질 북부의 크라토Crato 지층에서 균류의 자실체, 즉 버섯의 모습을 보존하고 있는 화석을 발견했다. 이 버섯은 강물에 휩쓸려 호수 바닥까지 이동한 뒤 퇴적물과 함께 화석화된 것으로 추측된다. 갓 아래 있는 섬세한 주름이 완벽하게 보존되어 있는 등, 그 모습이 우리가 풀밭에서 채취하는 자그마한 주름버섯과 똑 닮아 있었다. 오늘날까지도 이어지고 있는 주름버섯의 특징은 먼 옛날 거룩한 조상의 유산이었던 것이다. 약 1억 1천 5백만 년 전, 거대한 용각류 공룡들의 터전이었던 곤드와나 초원에는 곤드와나가리키테스 마그니피쿠스를 비롯한 여러 버섯들이 피어있었다. 화석으로 발견된 갓과 주름이 있는 버섯 10여 개는 모두 호박에 갇혀 있었는데 9천 9백만 년 전, 백악기 중기에 살았던 팔라이오아가라키테스 안티쿠스Palaeoagaracites antiquus와 아르카이오마라스미우스 레게티Archaeomarasmius leggetti, 그리고 5천 5백만 년 전, 에오세의 게론토미케스 레피도투스Gerontomyces lepidotus가 이에 속한다. 하지만 이보다

경이로운 것은 약 1억 5백만 년 된 호박 조각에서 애벌레의 몸속에 기생하고 있던 버섯 화석을 발견한 것이다. 이 버섯의 자실체는 오늘날, 곤충에 기생하며 곤충의 몸 위로 피어오르는 동충하초의 자실체와 그 모습이 똑같았다. 이처럼 동충하초는 애벌레나 개미를 좀비로 만들어버리는 끔찍한 버섯이다. 같은 시기에 생성된 것으로 보이는 선형동물을 잡아먹는 버섯인 팔라이오아넬루스 디모르푸스*Palaeoanellus dimorphus*가 프랑스 서부 샤랑트마리팀Charente-Maritime에서 발견된 것도 놀라운 발견 중 하나다.

지난 1억에서 1억 5천만 년 동안 무수히 많은 균류가 숲과 초원에서 자라났지만, 그 흔적이 10여 개밖에 남아있지 않아 이 놀라운 생물체의 역사를 이해하기 힘든 실정이다. 균류는 지구의 모습에 변화를 가져온 주역이지만, 덧없이 피었다 사라지고 마는 버섯의 속성을 반영하듯 희미한 흔적만을 남긴 채 아득한 과거 속으로 자취를 감췄다.

최초의 균류는 지금으로부터 약 10억 년 전에 지구에 나타났다. 처음에는 원시 바다에서 번식하다가 약 5억 년 전에 대륙으로 건너왔고, 육지라는 광활한 환경에 적응하면서 수없이 많은 생물계통을 탄생시켰다. 다행스럽게도 이들 중에는 지구에 닥친 엄청난 규모의 지질 변화와 기후 변화를 이겨내고 생존에 성공한 계통들이 있었다. 오늘날 이들의 후손은 해구에서 구름의 작은 물방울, 육상 서식지, 심지어 원자력 발전소의 중심에 이르기까지 지구의 모든 환경에서 서식하고 있다. 그렇다면 과연 지구에는 얼마나 많은 균류가 살고 있는 것일까? 분명 3백만 종은 넘을 것이다. 미생물 개체 조사에 쓰이는 초고속 환경 DNA 분석법이 도입되면서 오늘날 집계되는 균류의 수는 나날이 늘어가고 있다. 육지 및 해양 서식지뿐 아니라 열대 우림에서 새로운 종이 발견되고 있으며, 심지어 아르카이오르히조미케스*Archaeorhizomyces*와 크립토미코타 *Cryptomycota*처럼 완전히 새로운 균류가 토양에서 발견되기도 했다. 지난 2세기 동안, 약 10만 종의 균류가 과학자와 아마추어 균학자들에 의해 발견되었는데, 이 중 대부분은 육안으로 관찰되는 자실체를 형성하는 대형 균류들이다. 유럽의 숲과 초원에서 우리가 마주치는 약 6천여 종의 버섯이 바로 이 부류에 속한다. 대형 균류 말고도 미생물학의 아버지, 파스퇴르가 발견한 배양 가능한 곰팡이와 효모도 모두 균류에 속한다.

균류는 변화무쌍한 환경에 꿋꿋이 맞서는 강인함을 몸소 보여주었다. 새로운 종들이 떠오르고 있고 이들은 지구가 직면한 새로운 환경에 적응하고 있다. 아마존에 서식하는 페스탈로티옵시스 미크로스포라*Pestalotiopsis microspora*는 폴리우레탄으로 된 플라스틱을 먹어치울 수 있는 것으로 알려졌다. 그렇다면 균류는 인간 활동이 초래한 엄청난 환경 변화에 대항할 수 있는 능력을 지녔을까?

나무 주위에서 자라는 버섯이 예전만큼 많지 않다는 얘기를 하지만, 나의 생각은 다르다. 유럽과 북미에서 기후 변화와 대기 오염이 버섯 개체군에 미치는 영향에 대한 연구가 여러 차례 실시됐다. 이 중 스위스 취리히의 연방 산림·눈·환경 연구소WSL에서 발표한 연구 결과가 가장 높은 완성도를 나타내는데, 30년이 넘는 기간 동안 수집한 균류학 자료를 기초로, 시몬 에글리Simon Egli와 그의 연구팀은 쥐라Jura산맥 고원의 라샤네아즈La Chanéaz 산림보호구역에 서식하는 균류의 수를 집계했다. 그 결과, 1975~1990년에는 1천 3백여 종이 서식하고 있었지만 1991~2006년에 2천 730종으로 늘어나, 균류의 다양성이 증가하고 있음을 통계적으로 확인시켜주었다. 그렇지만 8월부터 첫눈이 내리기 전까지 이어지는 버섯의 형성 시기는 1991년에 비해 열흘 정도 늦춰진 사실이 밝혀졌는데, 이는 여름이 더 더워지고 건조해진데서 그 원인을 찾을 수 있다. 그러나 기후 변화가 버섯 개체군에 미치는 실질적 영향을 조사하기란 쉽지 않다. 여름 가뭄의 빈도에서 산업적으로 생산된 질소 침적에 이르기까지 다양한 요소가 균류의 번식에 관여하기 때문에 정확한 연구 결과를 도출하기 어렵다.

어쨌든, 앞으로도 해마다 가을이 되면 프랑스 보주에서 시베리아 끝에 이르기까지 광대버섯의 예쁜 갓을 볼 수 있을 것이다. 그런데 왜 하필이면 광대버섯이 이토록 유명해진 걸까?

여러 민족학자들은 광대버섯의 인기가 큐티클층에 존재하는 향정신성 성분인 무시몰muscimol과 관련이 있다고 본다. 신경계에 영향을 미치는 알칼로이드인 무시몰과 무시몰의 부산물인 '이보텐산ibotenic acid'은 포유류의 중추신경계에 있는 신경전달물질인 감마아미노뷰티르산의 수용체에 영향을 미친다. 이 때문에 광대버섯을 먹으면 인지와 사고, 감정이 격하게 동요하는데, 이 같은 환각 작용은 아주 오래전부터 알려진 사실이다. 아메리카인디언과 라플란드, 시베리아의 샤먼들은 광란에 휩싸인 종교의식에서 접신을 위해 광대버섯을 이용하기도 했다. 무시몰과 이보텐산은 빠르게 소변으로 나오는데 샤먼들은 이 소중한 액체를 이용해 환각 상태를 지속시켰다. 루이스 캐럴의 소설 『이상한 나라의 앨리스』와 그 속편에서 주인공 앨리스는 거울을 통과하는가 하면, 붉은 여왕을 쫓는 등 현실과는 동떨어진 세계를 여행한다. 이렇게 기이한 경험을 하려면 앨리스도 꽤 많은 양의 광대버섯을 먹어야 했을 것이다.

5장 곰팡이 없인 못살아, 흑송

과거라는 질척거리는 심연과 미래라는 부유하는 심연 사이의 멈추지 않는 비상.

블라디미르 나보코프(Vladimir Nabokov)의 『재능』 중에서

파리 분지의 끝에서 아르곤Argonne과 바루아Barrois까지, 로렌의 서쪽 땅은 한쪽은 급경사를, 다른 한쪽은 완만한 지대로 된 케스타 지형을 이루며 드넓은 저지대와 석회질 고원이 교차되는 곳이다. 케스타는 뫼즈Meuse강 유역에서 흔히 볼 수 있는 특색 있는 지형이다. 물결이 잔잔한 뫼즈강은 평화로운 시골과 아담한 숲과 들판, 초원 사이를 굽이져 흐른다. 석회질 고원에 자리한 숲과 서늘한 골

짜기, 건조한 초원과 더불어, 뫼즈강 유역에는 환경적으로 중요한 의미가 있는 식물 자생지가 있다. 건조한 초원은 아주 오래전부터 목초지로 이용되며 숲을 대체하는 기능을 했는데, 이곳은 자연의 소중한 유산일 뿐 아니라 생물다양성의 보고이기도 하다. 석회질 토양에 적응한 식물군이 서식하는 이곳, 건초원에는 화본과 식물과 난초과 식물이 넘쳐난다. 건초원의 발달을 이끌었던 목축업이 감소하면서 석회질로 된 초원의 일부가 파괴됐고 이에 대한 여파로 생물다양성도 감소하고 말았다. 제1차 세계대전이 끝난 후, 격렬했던 전투로 쑥대밭이 된 토지의 일부에 유럽흑송을 심었다. 성기게 자라난 흑송들 아래에 너도밤나무가 자생하기 시작했고, 시간이 흐르면서 너도밤나무숲이 자리하게 됐다.

1830년, 프랑스로 건너온 유럽흑송은 원래 남부 지방 산악지대의 재식림에 사용됐다. 춥고 건조한 기후를 잘 견뎌내는 특출한 수종으로 깊이 뿌리를 내리는 특성이 있어, 살아남기 힘든 로렌 고원의 토양에도 정착할 수 있었다. 흑송 아래에 비단그물버섯*Suillus luteus*과 큰마개버섯*Gomphidius roseus*이 피어나면서 수많은 버섯 채취꾼의 환영을 받았다. 밤마실을 나온 동네 어른들은 아이들을 앉혀놓고 버섯에 관한 무서운 이야기를 들려주곤 했다. 마녀 여럿이 고원에 올라 커다란 나무 옆을 둥글게 돌며, 버섯이 피어나길 기원하는 원무를 춘다. 이때 겁 없는 아이들이 꼬마 악마들과 장난꾸러기 요정들과 놀려고 원 안으로 뛰어들기도 하는데, 자칫하다간 이들에게 홀려 영원히 원 밖으로 나오지 못한다는 이야기다. 나는 이 이야기에서 흑송 아래 무리지어 자라는 버섯이 비단그물버섯이란 사실을 오랫동안 인지하지 못했다. 대부분 끈적끈적한 표피로 덮여 있는 비단그물버섯은 그렇게 먹음직스러운 버섯은 아니다. 그런데 흑송과 비단그물버섯의 보이지 않는 동맹을 목격했을 때 나는 꽤나 놀란 기억이 있다. 자실체 아래의 흙을 긁어내자 비단그물버섯의 자루에서 나온 솜털 뭉치를 쉽사리 발견할 수 있었고, 기다란 균사가 나무의 짧은 뿌리와 연결되어 있었다. 노란 균사로 완전히 덮인 나무의 잔뿌리는 균과의 접촉으로 모양이 변형돼 작은 갈퀴를 형성하고 있었다. 자실체, 엉겨있는 균사 덩어리, 그리고 균사로 뒤덮인 뿌리는 외생균근의 전형적인 특징이다. 식물의 잔뿌리와 버섯의 균사가 연결되어 있는 이 은밀한 구조는 지구상에 존재하는 중요한 생물학적 현상 중 하나인 균근 공생이다. 비단그물버섯과 큰마개버섯은 땅 밑으로 몇 센티미터 내려간 곳에서 흑송과 공생을 맺었고 흑송은 이를 통해 무기양분이 부족한 토양에서 삶을 지속시킬 수 있었던 것이다.

따라서 흑송 주변에서 균륜fairy ring, 菌輪을 그리며 피어나는 버섯은 악마의 발현이 아니다. 소나무의 잔뿌리와 연결된 균사가 원을 그리며 발달하는 숙주의 뿌리를 따라간 것이다. 봄이 되면 무기

양분이 있는 새로운 땅을 갈구하는 흑송은 뿌리를 더 넓게 확장시킨다. 해마다 잎이 무성해지는 만큼 뿌리도 더 큰 원을 그린다. 나무는 새로운 잔뿌리를 수천 개씩 만들어내며 뿌리를 풍성하게 가꾸고, 나무가 뿌리를 확장하고 있음을 눈치 챈 버섯은 저항할 수 없는 힘에 이끌려 공생이라는 결합에 동의한다. 잔털 한 가닥도 소중히 여기는 뿌리는 수천 갈래로 뻗어나가 저마다 제짝을 찾고 생장의 계절, 여름을 맞이한다. 흙 속을 탐험하는 뿌리는 성장에 없어서는 안 될 무기양분과 수분을 흡수하며 자연의 양분을 마음껏 이용한다. 가을이 되면 둥그런 나무뿌리는 충분히 양분을 섭취한 균사들로 넘쳐난다. 점점 더 많은 비가 내리고 밤 기온이 뚝 떨어지면 균사가 엉켜있는 땅 위에서 과학자들의 통찰력을 빗겨나간 신비한 현상이 발생한다. 일련의 분자적 과정이 연속적으로 일어나면 나무의 잔뿌리 근처에서 포자가 형성된다. 포자는 며칠 만에 광적으로 분열하고 수분을 흡수하며 땅을 밀어내다가, 어느 날 아침 햇살을 받으며 세상 밖으로 나온다. 마음이 바빠진 버섯은 부지런히 균륜을 그리고 사방으로 자손을 뿌린다.

1970년 말, 낭시 국립농학연구소INRA de Nancy 산림연구원의 산림토양 전문가 프랑수아 르타콩François Le Tacon은 뫼즈강 유역의 석회질 토양에서 서식하는 유럽흑송의 놀라운 자생력에 의문을 품고 연구를 시작했다. 현장을 수차례 답사한 그는 석회질 때문에 대부분의 흑송에서 백화 현상이 나타났을 것이라 추측했다. 이에 따라 흑송 묘목을 다른 토양에서 재배한 결과, 질소 대사 문제로 백화 현상이 일어났다는 사실을 증명해냈다. 숲속 모밭과 온실에서 여러 실험을 진행한 그는 균류가 존재하는 자연 조건 하에서만 흑송이 석회질 토양을 견뎌낸다는 사실을 밝혀냈다. 균류가 없으면 질소 대사에 심각한 문제가 일어나 백화 현상이 전반적으로 나타났다. 어린 나무가 외생균근균에 감염되면 질소 대사가 정상화되었고 덕분에 흑송은 석회질 환경에 완벽하게 적응할 수 있었다. 이 연구는 나무의 생장에 균근이 미치는 이로운 영향을 증명해주는 좋은 예가 되었다. 하지만 르타공 교수는 여기에서 멈추지 않고, 질소 대사를 더욱 상세히 파고들어야만 흑송과 균류의 생리학적 메커니즘을 규명할 수 있을 것이라 생각했다. 그가 소속된 연구소에는 생리학을 연구할 만한 전문가가 없었다. 아름다운 아망스Amace 국유림에 위치한 산림연구소에는 주로 식림 전문가와 농업기술자, 생태학자들이 있었을 뿐이지 생리학자는 단 한 명도 없었다.

프랑수아 르타공은 유럽흑송의 균근 형성이 야기하는 이로움에 대한 생리학적 메커니즘을 규명하기로 다짐했다. 학제성의 신봉자였던 그는 낭시의 앙리푸앙카레대학의 피에르 가달Pierre Gadal 교수에게 연락을 취했다. 렌느대학 동문이라는 사실이 이 둘을 끈끈하게 이어준 것인지, 르타공 교수와 가달 교수는 미생물학과 식물생물학의 연계를 통해 새로운 주제를 연구하기로 의견을 모았다. 1979년 9월의 어느 날 아침, 가달 교수는 '균근을 형성하는 흑송에게 나타나는 질소 흡수의 양상 연구'라는 미션을 나에게 던져주었고, 바로 이것이 균근에 관한 나의 첫 번째 연구가 되었다.

이 책을 쓰면서 당시의 일을 회상하니 인생이란 몇 번의 우연한 만남과 갑작스러운 결정으로 송두리째 뒤바뀔 수 있다는 사실을 명징하게 깨닫는다. 숲속 나무들처럼 인간들도 실타래처럼 얽힌 관계와 교류의 지배를 받는다. 우리는 생태계에서 진화를 거듭하고, 이전 세대와 현시대의 타인이 내리는 결정이 우리의 결정에 영향을 미친다. 내가 다른 문을 열고 세월의 강을 따라 흘러갔다면 분명 나에게는 전혀 다른 운명이 펼쳐졌을 것이다. 일련의 사건과 만남이 나를 지금의 길로 인도했다. 만약 그때 그들을 만나지 않았더라면, 지도 교수와 동료가 다른 이들이었다면 어땠을까? 과연 나는 나무와 미생물의 동맹에 관한 책을 쓸 수 있었을까?

이렇게 나는 식물생리학 박사 학위를 취득하려는 목적으로 연구의 세계에 첫 발을 들여놓았다. 당시 나는 초보 연구원으로, 말하자면 영화 '스타워즈'에서 제다이가 되기 위해 훈련을 받는 '파다완'과 같았다. 나는 가달 교수로부터 식물생물학에서 가장 필수적인 기초 지식을 배웠다. 실험의 목적을 정의하고 건강한 식물을 구하는 법과 시의적절한 기술을 사용하고 프로토콜을 숙지·

관리하는 법, 실험 수칙을 철저하게 지키고 동일한 실험을 여러 차례 반복하는 법, 데이터를 수집하며 아주 사소한 것이라도 눈여겨보고 적어두는 습관과 실험 결과를 해석하는 법, 마지막으로 실험의 결론을 도출하여 다음 실험을 설계하는 법을 배웠다. 동시에 실험을 망쳤을 때 밀려오는 좌절감을 극복하는 법과 실패에 대처하고 예기치 못한 결과를 관리하는 법을 배우기도 했다. 실험실에서 그렇게 몇 달을 보내고 나니, 식물생물학을 연구하는 것이 솜씨 좋은 정원사면서 동시에 훌륭한 요리사, 촉이 뛰어난 탐정, 그리고 미래를 예견하는 점쟁이가 되는 일이란 사실을 깨달았다. 가설을 입증하는 과정에서 예상했던 실험 결과가 나타나는 순간에는 기쁨에 발을 동동 구르며 호들갑을 떨기도 했다. 이미 그때 나는 이 직업이 천직임을 깨달았다. 새로운 실험을 구상하느라 밤을 지새우는 날이 많았고 도저히 이해가 되지 않는 실험 결과를 생각하느라 주말이라도 제대로 쉴 수가 없었다.

이미 열다섯 살 때부터 나는 생물학 학자가 되기로 마음을 먹었다. 지리학과 대탐험, 자연과학, 공상과학 소설에 등장하는 상상의 세계에 매료되었던 나는 아버지와 삼촌과 함께 버섯을 따며 숲속을 누비는 것을 좋아했다. 자연과학 교사이자 열정적이면서도 세심한 교육자였던 파베르Fabert 선생님은 생물학에 대한 나의 관심을 일찍이 알아채시고 이 길로 나를 인도하셨다. 1976년 9월, 그렇게 나는 낭시대학 자연·생활과학대에 입학했고 그곳에서 젊은 교육자였던 피에르 가달 교수님을 만나 식물생리학과 생물학을 배웠다. 가달 교수님의 수업은 단숨에 나를 사로잡았다. 연구팀에게 영감을 불러일으키는 그의 수업은 항상 열정으로 가득 찼고 어떤 지점에서는 도발적이기까지 했다. 그는 해마다 똑같은 말만 반복하는 구태의연한 과학이 아닌, 당시 연구가 한창인 아직 증명되지 않은 불완전한 과학을 이야기했다. 가달 교수님의 가르침은 단순한 과학적 사실이 아니라 그가 매일을 살아가며 느끼는 가슴 뜨거운 열정이었고, 이제 내가 그 열정을 이어받을 차례다.

당시에 생리학자들은 인위적인 환경에서 식물을 키우곤 했다. 균근이라곤 찾아볼 수 없었고 산림토는커녕 영양제로 양분을 공급했다. 그때만 해도 학자들은 균근 공생의 핵심적인 역할을 헤아리지 못했다. 미생물과의 상호작용을 중요시했던 선대 생물학자들의 조언에도 불구하고 미생물은 푸대접을 받고 있었다. 이 같은 사실을 간과했던 나는 소나무를 키우는 재미에 푹 빠져 있었다. 내가 손수 심은 종자에서 싹이 나고 나무로 빠르게 성장하는 모습이 경이로웠다. 나의 기대에 화답이라도 하듯, 어린 묘목은 우아한 자태를 뽐내며 뿌리를 가늘게 뻗고 잎을 뾰족하게 키웠다. 이렇게 해서 연구실에는 인위적이긴 하지만 깔끔하게 정돈된 작은 숲이 탄생했고, 정성스레 키운 소나무 새싹은 과학의 제물이 될 준비를 하고 있었다.

　그래도 숲과 최대한 유사한 환경을 조성하기 위해 소나무와 외생균근을 형성하는 자갈버섯류의 균을 어린 나무에 감염시켰다. 균이 잔뿌리에서 번식하는 모습은 굉장히 놀라웠는데, 균은 하얀 솜털로 뿌리를 뒤덮으며 가는 뿌리를 갈퀴 모양으로 바꾸어버렸다. 동위원소 트레이서를 사용한 덕분에 균이 뿌리의 형태에만 변화를 준 것이 아니라 균근을 형성해 질산염을 흡수하도록 강하게 자극하고 이것이 뿌리와 잎으로 스며든다는 사실을 알게 되었다. 버섯과의 공생은 나무에게 질소의 흡수를 원활하게 만드는 촉진제였던 것이다. 버섯과 동맹을 맺은 덕분에 질소를 흡수하고 동화시키는 능력을 키운 유럽흑송은 척박한 석회질 토양에서 생존할 수 있었다.

　내가 논문을 마칠 때쯤 르타공 교수는 나에게 국립산림연구원CNRF에 새롭게 창설되는 산림 미생물 연구실에서 함께 일하자는 제안을 했다. 그는 미생물학적인 차원에서 접근하지 않으면 수목의 영양을 제대로 연구할 수 없다고 판단했고, 수목생리학에서 균근 공생이 결정적인 역할을 수행한다는 것을 산림 전문가들에게 이해시키고자 했다. 나에게도 분명한 미션이 내려졌다. 내가 쓴 논문의 연장선상에서 외생균근의 기능, 즉 균근균과의 공생이 수목 생장에 미치는 영향을 분자생물학적 차원에서 규명하는 것이었다. 나무와 버섯이라는 두 왕국은 당과 아미노산, 무기물을 카라반에 실어 보냈고, 나는 동맹국으로 향하는 카라반의 여정을 하루빨리 지도에 그리고 싶어 안달이 났다.

1980년대 초, 진정한 기술 혁명이 일어났다. 핵자기 공명 분광법NMR spectroscopy이 등장하자 과학자들은 처음으로 살아있는 세포에서 특정 분자를 구별할 수 있게 되었다. 이제 생물체를 열어보지 않고도 세포 현탁액이나 조직검사biopsy에서 얻은 당과 아미노산, 유기산, 지질을 손쉽게 확인하고 계량화할 수 있게 되었다. 그후로 기술은 괄목할 만한 발전을 거듭했다. 자기 공명 영상MRI이라는 이름으로 더욱 친숙한 이 기술은 현재 종양이나 상해를 발견하거나 뇌기능을 실시간 3D로 확인하기 위해 병원에서 일상적으로 사용하는 기술이 되었다. 균류는 포도당을 다른 종류의 당이나 아미노산, 트라이글리세라이드로 변환시키는데, 핵자기 공명 분광기를 작동시키면 균류의 주요 양분인 포도당의 변화 추이를 관찰할 수 있었다. 그런데 놀랍게도 다양한 균근균들이 하나같이 유사한 대사 경로를 나타냈고, 뿐만 아니라 맥주 효모나 붉은빵곰팡이균 등 연구실에서 오랫동안 관찰해온 균류의 대사 경로와도 동일한 양상을 보였다. 이러한 결과는 나의 가설을 보기 좋게 빗겨나간 것이었다. 순진하게도 나는 균근균이 숙주 식물에 효과적으로 진입하기 위해 진화를 거듭하면서 특별한 대사 과정을 발달시켰을 것이라고 생각했다. 결국 나는 나의 애정을 먹고 자란 자그마한 균들이 전혀 특별하지 않음을 인정할 수밖에 없었다.

주말에는 핵자기 공명 분광기를 사용하는 사람이 없었기 때문에 나는 홀로 연구실에 나와 나만의 생물 실험을 하곤 했다. 값비싼 정밀 기계를 작동시킬 때면 비행기 조종간을 잡고 있는 것 같은 기분이 들었고 엔진의 성능에 크게 놀라기도 했다. 더 이상 하루 종일 연구실에 틀어박혀서 아미노산이나 유기산, 지질, 당 같은 대사물질을 추출하는 데 시간을 보낼 필요가 없었다. 분광기를 10분 정도만 가동시키면 살아있는 버섯 안에서 요동치는 분자가 10여 개의 정점으로 모니터에 표시됐다. 기계를 돌리기만 하면 균사체의 대사물질 구성을 단박에 알 수 있는 것이다. 그야말로 기적, 그 자체였다.

6장 섬세한 감각의 소유자, 포플러

포플러, 잠들어 있는 강가에서 커다란 야자나무처럼 몸을 부드럽
게 굽히고 있다.

빅토르 위고(Victor Hugo)의 『시 모음집』 중 「봄」

자연 그대로의 웅장함. 말자세Maljasset 촌락 아래, 고지대에 위
치한 위바이에Ubaye 계곡을 보는 순간 머릿속에 떠오르는 단어다.
호수가 자리했던 초원인 플랑 뒤 파르아르plan du Parouart에는 눈이
녹아 불어난 물살이 거침없이 떨어지며 여러 갈래로 나뉘고, 물줄
기는 버드나무가 작은 숲을 이루는 자갈 채취장 사이를 굽이져 돈
다. 트레킹 코스를 따라 롱제Longet 고개까지 올라가면 우뚝 솟은

테트 드 라 가비Tête de la Gavie와 테트 드 말라코스트Tête de Malacoste, 마리네Marinet 빙하, 그리고 드넓게 펼쳐진 습한 초원과 낙엽송림의 아름다운 풍광이 한눈에 펼쳐진다. 살세트Salcette 골짜기에 오르기 전 사문암 채석장이었던 곳이 보이는데, 사문암은 앵발리드Invalides 에 있는 나폴레옹 1세의 묘석에 사용된 녹색 대리석이기도 하다. 분홍빛 볏이 달린 듯 둥글게 피어나는 오노니스 크리스타타*Ononis cristata*와 노란 꽃망울을 길게 뻗고 있는 오노스마 파스티기아타 *Onosma fastigiata*가 길가에 흐드러져 있고 물가는 오리나무와 양버들, 흰버드나무가 풍성하게 어우러져 왕국을 이룬다. 나무들은 급류에 다리를 담근 채 가지를 축 늘어뜨리고 있다. 좁다란 길 위, 벌채를 했던 터에는 자작나무와 단풍나무, 물푸레나무, 사시나무가 다시 자라나 아담한 숲을 이룬다.

카메라를 들고 분주하게 진주빛 나비를 쫓다가 길가에 하얗게 반짝이는 유럽사시나무 잎에 눈길이 간다. 나비가 날갯짓하듯 파르르 떠는 나뭇잎에 온통 정신을 빼앗긴 채, 계곡을 휘감는 바람결에 몸을 부르르 떨며 아침 햇살을 쬐이려 안간힘을 쓰는 이파리들을 넋 놓고 바라본다. 포플러는 사시나무속*Populus*에 속하는 모든 수종을 통칭하여 부르는 말인데, 다양한 종류의 포플러가 훌륭한 개척자 정신을 발휘하며 알프스 강가와 급류가 흐르는 연안에 터를 잡았다. 아래로 내려가면 손Saône강이나 론Rhône강, 뒤랑스Durance강가에 있는 물에 잠긴 초원 지대에 거대한 포플러 재배지를 볼 수 있는데, 산업적인 목적으로 조성된 이곳은 산 속의 아담한 포플러숲과는 당연히 그 매력을 견줄 수 없다. 포플러는 생물학자들과 산림 유전학자들이 이끄는 여러 연구에서 핵심적인 역할을 맡고 있고, 실험 모델로 유명해지면서 세간의 관심을 받고 있다. 사실 포플러는 실험실이라는 환경적 제약에 쉽게 순응하며 비교적 빨리 자라는 나무다. 더욱이 별 어려움 없이 유전자를 조작할 수 있는데다 일부 수종의 유전체가 해독된 상태이기도 하다. 포플러는 나무의 특징적인 주요 기능들, 그중에서도 감각을 연구하기에 적합하고 이런 이유에서 산림 생물학자들의 사랑을 독차지하고 있다.

사람들은 나에게 '무엇이 나무를 나무로 만드는가?'에 대한 질문을 자주 하는데 생각만큼 명쾌한 답을 주기는 힘들다. 현재 나무 유전체 40여 개가 해독된 상태지만 수목의 고유한 유전 형질을 밝혀내는 것엔 성공하지 못했다. 유전 형질을 구성하는 유전자 중 나무만이 지니는 독특한 생물학적 특성을 설명해줄 만한 유전자를 찾지 못했기 때문이다. 물론 단순하게, 나무란 목질을 생산하고 높이 자랄 수 있으며 수백 년간 생존할 수 있는 생물체로 규정할 수도 있다. 식물계통에서 상당 부분을 차지하는 나무가 다른 식물과 확연하게 구별되는 이유는 세기를 관통하는 놀라운 능력, 바로 영속성 때문이다. 나무라고 하면 웅장한 세쿼이아나 오랜 세월을 버텨온 사시나무를 떠올리는 것도 바로 이 때문일 것이다. 만약 어린 아이가 '나무는 목질을 만드니까 나무다'라고 대답한다면 틀린 말은 아니다. '진짜 나무'는 부름켜 또는 형성층이라고 부르는 특별한 세포층 덕분에 껍질과 목질을 만들어낸다. 한 해 한 해, 세월이 흐르면서 형성층을 구성하는 줄기 세포가 목질 세포를 만들어내는데 이 세포의 벽은 셀룰로오스와 리그닌이 섞인 미세 섬유로 이루어져 있다. 그런데 목질 세포가 금방 죽어 내부가 비워지면 단단한 세포벽이 나이테를 형성하고 이렇게 만들어진 나이테는 나무 가운데부터 차곡차곡 원을 그린다. 그렇지만 목질 생성은 나무만이 가지는 특별한 능력은 아니다. 라벤더나 세이지 같은 풀도 줄기 속에 목질을 축적한다. 그렇다면 '가짜 나무'는 어떨까? 야자수나 바나나나무는 나무와 정말 흡사하지만, 위풍당당한 풍모를 지녔음에도 어쨌거나 엄청나게 큰 풀에 불과하다. 이런 종류의 풀은 나무줄기가 아닌 길고 연한 섬유로 채워진 다른 종류의 줄기stipe가 있고 쭉 뻗은 잎이 가지를 대신한다. 분명한 것은 땅에 붙어 자라는 초본 식물에 비해 나무는 상당히 유리한 위치를 선점하고 있다는 사실이다. 태양 가까이 우뚝 솟아 햇볕을 쬐고 있으니 키 작은 풀들은 나무를 당해낼 재간이 없다.

아리스토텔레스 시절부터 나무는 다른 식물과 마찬가지로 생명체로 인식되었지만 그저 자라고 숨 쉬고 양분을 섭취하는 수동적인 존재로 여겨졌다. 아리스토텔레스는 나무에게 동물의 '감성 지각적인 정신'보다 한 단계 낮은 '식물적 정신'을 부여했는데 이는 최고 단계인 인간의 '이성적 정신'과는 큰 차이가 있다. 서양의 철학자들과 신학자들이 주도했던 인간 중심의 세계관은 이후로도 수백 년 동안 지속됐고, 영국의 자연주의자이자 고생물학자인 찰스 다윈Charles Darwin(1809~1882)과 그의 아들, 프랑시스 다윈Francis Darwin(1848~1925)의 연구가 발표되면서 식물의 세계관에도 괄목할 만한 진전이 있었다. 이들은 식물에게 자신을 둘러싼 세계를 인지하고 그 환경과 상호작용할 수 있는 감각 능력이 있음을 증명해냈다. 식물은 외부에서 가해지는 충격에 대응하며 환경에 적응하고 부동의 상태를 극복하려 애쓴다. 1880년, 다윈은 『식물의 운동력』을 출간했고, 이들은 실험을 통해 초엽이 햇빛을 따라간다는 사실을 증명했다. 초엽은 화본과 식물의 종자가 발아할 때 어린잎을 감싸고 있는 조직으로 싹을 보호하는 역할을 하는데, 바로 이 초엽이 태양빛을 향해 뻗어갈 수 있는 능력이 있음을 증명해낸 것이다. 이렇게 빛을 향해 굽어 자라는 성질을 굴광성屈光性이라고 한다. 굴광성은 식물이 환경뿐 아니라 다른 생물체를 감지하고 이들과 소통하려고 만들어낸 수많은 기제 중 하나에 불과하다.

이후 발표된 연구들은 식물이 운동을 통해 환경을 인지하고 이에 적응한다는 사실을 확인시켜주었다. 식물은 바람에 꺾인 줄기를 곧추 세우고 이웃 식물과 간격을 두며 빛을 향해 뻗어간다. 식물도 동물처럼 시각, 후각, 촉각의 여러 감각을 소유하고 있는데, 동물의 감각이 특정 기관에 국한된 것에 반해 식물은 특이하게도 온몸의 표면에 감각이 고루 분포한다. 분자적 차원에서 보면 수용체와 외부 자극의 감지로 촉발되는 신호 전달 과정은 동물이나 식물, 균류 모두 근본적으로 동일하다. 식물 역시 스트레스나 포만감을 나타내는 신호를 보내며 땅속에서 공생하는 균이나 박테리아와 관계를 형성한다. 다시 말해 식물은 환경의 변화를 느끼고 이에 반응하는 감각을 타고난 것이다. 이와 같은 속성을 생물학에서는 '수용체'가 지니는 능력으로 규정한다. 수용체는 물리적 또는 생물학적 자극을 받아들이고 물질대사 에너지를 동원해 이에 반응하는 하나의 기관이나 세포 또는 분자를 의미한다.

최근 몇 년간 식물에 대한 인간의 시각은 괄목할 정도로 진일보했고 식물의 감각에 대한 수많은 연구가 진행됐다. 식물은 어떤 방식으로 폭격처럼 쏟아지는 복잡한 외부 신호를 감지할 수 있는가? 분자 신호 경로에서 이 신호들이 어떻게 감지되고 해석, 또는 '변환'되는가? 세포와 조직, 식물은 환경 신호에 어떻게 반응하고 적응하는가? 앞서 말했듯, 식물은 감각을 지닌 존재로 소통을 하고 화학적 신호를 교환한다. 그렇다면 식물에게 지능이 있는 것은 아닐까? 만약 지능을 『라루스 백과사전』에서 정의하듯, '상황에 적

응하고 환경에 따라 행동 방식을 선택하는 능력'이라고 규정한다
면 다른 모든 생물체들, 예를 들어 감각을 지니고 환경에 적응하는
박테리아나 지렁이와 마찬가지로 식물도 지능을 지녔다고 할 수
있다. 여기서 말하는 지능은 물론 인간의 인지력과는 거리가 멀다.
그렇지만 어떤 이들은 '식물의 지능'을 서슴없이 논하기도 하는데,
독일의 산림 전문가 페터 볼레벤Peter Wohlleben이 쓴 『나무 수업』은
출간 당시 독일과 프랑스에서 큰 반향을 불러일으켰다. 나무와 사
랑에 빠진 저자는 극도로 의인화된 화법을 써가며 나무에 대한 새
로운 시각을 전개했다. 그에 따르면 나무는 화학적 신호와 더불어,
뿌리와 뿌리에 연결된 균사체 조직을 통해 대화를 나누며 소통한
다. 땅속 균사체는 끈끈한 연대의 매개가 되어 주위의 병든 나무나
부모의 그늘에서 자라는 '아이 나무'에게 양분을 제공한다. 심지어
뿌리는 애벌레의 습격 같은 다급한 상황에서 경고 메시지를 전달
하는 능력을 지니기도 한다. 공격에 있어, '정보는 화학적 방법뿐
아니라 놀랍게도 전기적인 방법으로 1초당 1센티미터의 속력으로
(공동체에) 전달된다.' 메시지를 받은 나무는 균근균과 잎으로 휘발
성 화합물을 분비시켜 기생충이나 벌레, 심지어 새들의 공격에 대
한 보호 태세를 갖춘다. 독자는 자신의 신념을 되돌아보는 기회를
얻기도 한다. 다른 식물들처럼 나무는 모성애와 우정, 연대 같은
인간의 감정을 타고 났다. 나무의 정신은 '식물적'이기만 한 것이

아니라 '감성지각적'이고 '이성적'이기까지 하다. 제임스 카메론 감독의 SF영화 '아바타'에서처럼 식물은 서로 교감하는 하나의 거대한 조직을 형성하며 생물계에 숨을 불어 넣고 있는지도 모른다.

볼레벤의 책이 성공을 거둘 수 있었던 이유 중 하나는 저자가 참교육의 의미를 담아 나무에 대한 자신의 열정을 독자와 공유했기 때문이다. 이 책이 대중을 고취시키는 임무가 있는 환경업계 종사자들에게 큰 울림이 되었으리라 생각한다. 그런데 저자가 수목생리학과 산림의 기능에 대해 타당하면서도 다각적인 문제 제기를 하고 있음에도 불구하고, 연구 결과를 이따금 잘못 해석해 숲과 산림 공동체에 대한 시각이 실제보다는 철학적인 서사에 머무르고 말았다. 하지만 숲과 나무를 이야기하는 책이 공쿠르상 수상작만큼 잘 팔린다는 사실은 흐뭇한 일임에 틀림없다.

어쨌거나 식물은 인간이 오랜 세월 굳건히 믿었던 것보다 훨씬 섬세한 반응을 보이는 생물체다. 이웃 식물이 있다는 사실을 감지할 뿐 아니라, 공간을 인지하는 능력을 기반으로 끊임없이 움직이며 자신이 처한 환경에 적응해간다. 결국 식물은 감각을 느끼고 이웃과 대화하는 존재다.

식물도 볼 수 있다. 눈이 없는데 어떻게 앞을 본다는 것일까? 식물에게는 붉은 빛을 감지하는 광수용체가 있기 때문이다. 잎 전체에 분포하고 있는 광수용체는 스위치처럼 깜박거리며 흡수된

빛의 파장에 따라 특정 반응을 보인다. 이 같은 신호가 발생하면 일련의 분자적 과정이 연속적으로 일어나고, 식물은 어두운 적색광과 밝은 적색광을 구분하며 어두운 빛은 반사하고 밝은 빛을 흡수한다. 예를 들어, 어두운 빛이 과도하게 감지되면 주위에 잠재적 경쟁자가 존재한다는 사실을 인지하고 곧장 반대쪽으로 가지를 뻗거나 키를 늘려 더 많은 빛을 모으려고 안간힘을 쓴다. 또한 자신이 무리에 속한다는 사실을 인지하는 식물은 조직적으로 공간을 확보하며 생장에 필수불가결한 태양 에너지를 포집한다.

클레르몽페랑 국립농학연구소의 브뤼노 물리아Bruno Moulia 박사 연구팀은 포플러와 같은 나무들, 보다 광범위하게 말하면 식물에게 '자기수용성 감각'이 있다는 사실을 증명하기도 했다. 자기수용성 감각이란 몸의 각 부위가 어디에 있는지 인식하는 능력을 의미한다. 어린 싹을 구부러뜨리면 시간이 지나면서 조금씩 몸을 곧추 세운다. 이렇게 식물이 중력을 감지할 수 있는 것은 특정 세포에 함유된 전분 입자가 중력에 따라 아래로 가라앉는 침강 현상을 일으키기 때문이다. 이러한 '중력 감지' 덕분에 식물은 어디로 제 몸을 뻗어야 하는지 방향을 결정한다. 이렇게 되면 기관의 생장과 발달을 조절하는 호르몬인 옥신auxin의 막 수용체가 줄기 아래쪽에 재분배되고 이곳에서 옥신이 축적된다. 길이가 늘어나는 부위에서 옥신이 신장을 자극하면 비로소 줄기는 수직으로 몸을 곧추 세우는 능력을 갖게 된다. 목질 부위에서도 마찬가지로 구부러진 부분을 활성화시키는 일종의 모터 작용이 일어난다. 하지만 연구팀은 중력 감지 메커니즘만으로는 줄기가 펴지는 현상을 설명해내기에 역부족이라고 판단했다. 그래서 이를 입증하기 위해 중력 감지만을 고려한 모델을 세워 줄기의 수직 방향성을 컴퓨터로 실험했다. 그 결과, 줄기의 상태가 안정적이지 못하고 줄기의 각 요소가 다른 요소를 이끌어가며 제각기 몸을 세우려하기 때문에 수직으로 흔들린다는 사실을 밝혀냈다. 그러니까 줄기는 다른 요소와의 조화를 고려하며 조직적으로 굳어진 몸을 바로 세운다. 다시 말해 각각의 세포가 형태의 변형을 인지하고 굴곡을 최소화하게끔 반응하며 중심축을 바로잡는 것이다.

이와 더불어 연구팀은 식물이 세포의 변형을 통해 바람을 감지한다는 사실도 증명해냈다. 바람이 '압력'을 가하면 외부로 노출된 기관의 표면 세포막이 변형되는데, 이렇게 새로운 제약이 가해지면 신호 전달 경로인 막 단백질이 활성화되고 이온이 흐른다. 단 몇 초 만에 자극은 '신경 임펄스'와 유사한 과정을 거쳐 생장점까지 전달된다. 포플러의 경우 바람에 대한 반응으로 여러 분자적 과정이 일어나면서 유전자 수천 개의 발현에 변화가 생겼다. 낭시 국립농학연구소 연구진이 수년간 진행한 너도밤나무숲에 대한 실험에 따르면, 바람의 감지는 형성층 활동*의 자극과 목질 생산에 있어 핵심적인 역할을 한다. 심지어 연구진은 나무가 진화를 거듭하는 동안 빛과 바람에 대한 감각에 줄기의 영속성이 더해져 나무 고유의 모양을 갖추게 된 것이라고 설명하기도 했다.

나무는 다른 식물과 마찬가지로 신경도, 뉴런도 없지만 각각의 기관에 수분을 공급하는 도관 체계가 있어 매우 효과적인 순환 시스템을 구성한다. 도관은 상승 수액이나 하강 수액을 통해 무기질이나 양분을 수송할 뿐 아니라 양분의 원천이나 환경 자극에 관한 정보를 몸의 다른 부분에 알리는 신호 전달에 관여하기도 한다. 이들 신호 중에서 호르몬이 핵심 키워드가 된다. 호르몬의 종류는 수없이 많은데 옥신처럼 아주 오래전부터 알려진 것들도 있지만, 에틸렌ethylene이나 메틸 자스모네이트Methyl Jasmonate처럼 생소한 것들도 있다. 에틸렌과 메틸 자스모네이트는 단순한 식물 호르몬이 아닌 이웃 식물이나 곤충, 미생물과의 의사소통을 돕는 물질이다. 학계에서는 총체적 환경 신호에 반응하는 식물의 호르몬 체계를 연구하며 차츰 그 비밀을 밝혀내고 있다. 오늘날 상당 수준으로 발달한 수학적 모델과 컴퓨터 시뮬레이션을 토대로, 식물 세포가 어떠한 방식으로 다양한 호르몬과 신호에 대한 반응을 통제하는지, 그 복잡한 상호작용을 분자적 차원에서 규명하고 있다.

식물은 빛과 중력, 바람, 또는 건조한 날씨, 양분을 취할 수 있는 상황 등 환경에서 가해지는 모든 종류의 자극에 반응하며 끊임없이 몸의 위치를 조정하고 키자람을 시도한다. 식물에게는 이러한 정보를 수집하는 뇌와 중추신경계가 없다. 당연히 식물의 뇌가 뿌리에 숨겨져 있다는 주장 또한 얼토당토않다. 하지만 식물은 신속한 반응을 일으키는 신호 전달 체계 덕분에 조직적으로 움직일 수 있다.

식물이 지니는 놀라운 능력 중 하나는 공격에 빠르게 대처하는 민첩함이다. 식물은 외부로부터 공격이 가해져도 꼼짝없이 당할 수밖에 없는 부동의 존재다. 그러한 까닭에 진화를 거듭하는 동안 영양이 풍부한 잎과 꽃, 새싹을 노리는 약탈자에 맞서는 방어 기제를 발달시켜왔다. 예를 들어, 애벌레나 딱정벌레가 자신의 몸에서 만찬을 벌인다는 사실을 감지하면 고도의 방어 시스템을 가동시킨다. 공격당한 부위의 세포가 파괴되면서 경고성 호르몬인 메틸 자스모네이트가 분비되는 것이다. 이 분자 신호는 공격 부위 주변에 있지만 죽음만은 면한 세포들에게 전달되고, 끊임없이 신호가 전달되는 시스템이 가동되면서 소화 효소 억제 물질이 대량으로 합성된다. 결국 이 세포를 섭취한 곤충은 소화 불량을 느끼고 즐거웠던 만찬은 급작스레 끝난다.

---

* 얇은 줄기세포층인 형성층의 활동을 의미한다. 부름켜라고도 부르는 형성층에서 세포 분열이 일어나 식물의 부피가 커진다. 형성층은 인피부와 목질부 사이에 위치한다.

식물의 또 다른 무기는 후각적 자극이다. 공격을 받은 식물은 여러 가지 냄새가 섞인 '휘발성 유기 화합물VOCs'을 방출한다. 이 물질에는 크게 테르펜Terpene과 벤제노이드Benzenoid, 그리고 알코올과 알데하이드Aldehyde가 있다. VOCs는 후각을 자극하는 메시지로 쓰이며 식물의 다른 부위나 이웃 식물에게 위험을 알리는 역할을 한다. 이 중 일부는 공격에 대항하는 방어의 수단으로 곤충의 포식자를 유인하는 데 쓰인다. 옥수수 잎을 우걱우걱 먹고 있는 파밤나방Spodoptera exigua은 앞으로 자신에게 닥칠 끔찍한 결말을 알 도리가 없다. 이파리를 갉아먹는 동안 파밤나방의 유충은 식물 세포의 주요 지방산 중 하나인 리놀렌산linolenic acid을 대량으로 섭취한다. 유충의 몸속으로 들어간 리놀렌산은 아미노산의 일종인 글루타민과 결합해 볼리시틴volicitin을 만들어내고, 이 물질이 식사에 열중하는 유충의 침에 섞여 나오게 된다. 볼리시틴을 감지한 식물은 메틸 자스모네이트를 합성해내고 공기 중으로 이를 방출시켜 작은 기생벌을 유인한다. 그러면 코테시아 마르기니벤트라리스Cotesia marginiventralis라는 이름의 기생벌이 유충의 몸에 알을 낳는다. 그야말로 '적들의 적은 아군'이라는 말이 절묘하게 들어맞는다. 수많은 학자들에 따르면, 식물이 분자 50만 개가 넘는 무수히 많은 2차 대사물질을 갖고 있는 것은 병원균과 곤충에 맞서기 위함이라고 한다. 호시탐탐 자신을 노리는 수많은 약탈자를 물리치기 위해 식물은 2차 대사물질이라는 훌륭한 무기를 지니게 된 것이다.

　나무는 진화를 거듭하면서 끊임없이 변하는 환경에 적응하거나 포식자로부터 자신을 지키기 위해 일부 활동을 조직화하는 화학적 의사소통 메커니즘을 발달시켰다. 최근 연구에서는 나무가 자신과 연결된 균근균을 매개로 해서 다른 나무와 소통한다는 사실이 밝혀지기도 했다. 앞서 여러 번 언급한 것처럼 온대림과 침엽수림에서 참나무와 독일가문비나무, 너도밤나무, 또는 소나무의 뿌리는 외생균근을 형성하고 있고 이를 통해 일부 미생물과 관계를 맺으며 상호작용을 한다. 균근균의 균사는 뿌리 속에는 깊숙이 침투하지 않고 표면에 머무르지만 뿌리 밖에서는 뿌리 1미터 당 1킬로미터가 넘을 정도로 놀라운 생장력을 보여주기도 한다. 19세기 균근이 발견되었을 당시에는 균근 공생을 식물과 버섯 간의 이로운 결합 정도로만 인식했었다. 하지만 실험실과 현장에서 다양한 연구가 진행되면서 이들의 이로운 결합에 실제로는 무수히 많은 파트너가 동참하고 있다는 사실이 밝혀졌다. 대부분의 경우, 이러한 균근 공생은 다양한 균류, 식물 공동체와 관련이 있고 이들은 외부의 균사체 조직으로 서로 연결되어 있다. 10여 종의 균류는 나무 한 그루와 그 나무를 이웃하는 여러 나무와 연결되어 유기적 관계를 형성하며 망을 조직한다. 캐나다 브리티시콜롬비아대학의 수잔 시마드Suzanne Simard와 다니엘 듀럴Daniel Durall은 흥미로운 실험을 통해, 더

글라스전나무숲에서 발견한 알버섯속에 속하는 외생균근균의 개체 13개가 모두 20여 그루의 이웃 나무와 관계를 맺고 있다는 사실을 발견했다. 동일한 숲에 서식하는 나무들을 내부적으로 연결하는 땅속 균사체 조직은 양분과 더불어 소통의 신호를 주고받는 잠재적 매개가 될 수 있으며, 심지어 다른 종에 속하는 식물들이 균사 조직을 통해 관계를 형성할 수도 있다.

육상 생태계의 대부분에서 이 같은 균사 조직이 존재한다는 사실은 여러 연구를 통해 증명되었다. 식물들은 균사로 얽혀 있는 지하 망조직에 의해 긴밀하게 연결되어 있다. 그렇지만 식물 및 균류 공동체의 구성원들이 균사라는 땅속에 묻힌 관을 통해 얼마나 많은 양의 양분을 흘려보낼 수 있을지에 대해서는 의견이 분분하고, 이를 증명하는 확실한 연구 결과가 아직까진 많지 않다. 몇 해 전, 파리 국립자연사박물관의 마크앙드레 셀로스 연구팀은 난초과와 진달래과에 속하는 여러 식물종이 이웃 나무와 연결된 균근 조직을 통해 양분의 일부를 제공받는다는 사실을 밝혀냈다. 이 식물들은 나무 아래 두터운 그늘에서 자라지만 꽃을 활짝 피울 수 있다. 나무에 가려진 까닭에 광합성으로 만들어내는 양분이 턱없이 부족하자 이들은 다른 방법을 강구했는데, 바로 나무들 사이에 연결된 외생균근 조직에 붙어 균사체 망에 흐르는 당을 '슬쩍' 흡수하는 것이다. 이들이 취한 당은 광합성뿐 아니라 균근 조직으로부터 얻어진 일종의 혼합 양분이다. 물론 이 난초들이 이웃 버섯과 나무에 기생하는 사기꾼과 다를 바 없다고 생각하는 이들도 있다.

과학이 밝혀냈듯이, 다른 생물체와 지속적이고 난해한 관계를 형성하는 나무는 아주 오래전부터 장수와 평정, 그리고 지혜의 상징이었다. 수천 년 전부터 모든 인간 문명의 문화와 전통의 중심에는 나무가 존재했다. 나무는 인간의 짧은 생애와 이들이 실천하는 정의를 관조하며 양식과 안식처를 제공하는 수호 정령이지만, 인간 종족의 과도한 물욕과 무분별한 산림 개발로 희생자가 되곤 한다. 과학의 발견으로 우뚝 서 있는 장엄한 나무가 감각을 느끼고 소통을 할 수 있는 존재라는 사실을 우리는 알고 있다. 그러한 까닭에 이들에게도 동물과 같은 숭고한 지위를 부여해야 할 때가 왔다. 유명한 식물학자인 프랑시스 알레Francis Hallé는 '근본적인 이타성을 표현하는 식물은 동물과 마찬가지로 환경에 적응하지만, 동물과는 다른 진화의 길을 걷고 있다'고 말했다.

7장

광릉젖버섯의
은밀한 동거

공생(Symbiose): '함께 산다'는 뜻의 그리스어가 어원으로 둘이나 그 이상의 서로 다른 유기체 간의 긴밀한 연합을 의미. 상호적 이익을 가져다주며 나아가 생존에 필수불가결한 요소로도 작용함.

『라루스(Larousse) 프랑스어사전』

수목의 균근 공생을 연구하는 학자로 보주Vosges의 거대한 숲 중 하나인 다르네Darney에 첫 발을 내딛은 것은 결코 우연이 아니었다. 연구실에서 한 시간 반이면 갈 수 있는 다르네 숲은 절경을 이룰 뿐 아니라 이상적인 실험 현장을 제공하기도 했다. 특히 품질 좋은 참나무가 많기로 유명해서 참나무의 기능과 생태학을 연구하기에 안성맞춤이었다. 우리는 이곳에서 수없이 많은 식물들의 상호작용에 대해 연구했다. 나무와 나무 아래 서식하는 식물들, 그리고 이들이 뿌리내린 토양이 어떠한 관계를 맺는지를 관찰했고, 나뭇잎과 뿌리와의 상호작용, 뿌리와 뿌리 주변의 미생물 간의 관계 형성에 집중했으며, 미생물들이 어떠한 관계를 맺고 토양과 상호작용하는지도 면밀히 들여다봤다. 움직이지 않는 무기물의 세계는 생물체의 소용돌이와 연결되고 그 중심에 외생균근이 있다. 식물과 흙 사이, 바로 그곳에서 식물계와 균계에서 나온 두 개의 얼굴을 가진 키메라가 있다.

우리는 프랑수아 르타공 교수와 함께 다르네 숲을 정기적으로 방문했다. 그는 다양한 토양 층위를 알아볼 수 있도록 토양학의 기초를 가르쳐주었지만 안타깝게도 나는 별다른 성과를 내지 못했다. 적어도 흑니토mull가 무엇인지는 구별해내야 한다고 했는데, 낙엽이 떨어지는 숲에서 생기는 부식토인 흑니토는 유기물을 다량 함유하고 있으며 수백 종의 균류가 살고 있는 토양이다. 바로 이곳, 분해가 한창인 낙엽 틈에서 우리는 광릉젖버섯*Lactarius subdulcis*과 연결된 너도밤나무 뿌리를 한가득 채취했다. 광릉젖버섯은 주황빛이 도는 노란색 외생균근을 형성하는데, 매끄러운 막이 있고 대개는 몇 센티미터 정도 되는 갈래가 사방으로 뻗어있다. 이러한 광릉젖버섯의 균근은 알아보기도 쉽고 손쉽게 채취할 수 있어 이상적인 실험 대상이 되었고, 외생균근의 질소 대사에 관한 나의 연구의 상당수도 이를 토대로 이루어졌다. 옥스퍼드대학 산림과학과 교수인 존 레이커 할리John Laker Harley(1911~1990)는 일찍이 외생균근에 관심을 갖고 방대한 연구를 이끌었다. 아쉽게도 오늘날 젊은 과학자들에게서 잊혀진 이름이지만, 할리 교수는 외생균근에 관한 권위 있는 저서를 남긴 저명한 학자다. 나는 그의 딸인 샐리 스미스Sally Smith가 1983년에 발간한 『균근 공생』이라는 책을 주기적으로 읽곤 한다. 이 책은 균근 공생에 대한 당대의 지식을 가늠할 수 있는 흥미로운 기록이기도 하지만, 그가 이끈 실험들이 놀라운 통찰력을 바탕으로 연구의 방향성을 제시해준다는 점에서 의미가 깊다. 이 책은 버섯과 나무의 상리 공생에 관심을 갖고 균류 및 식물의 생태·생리학에서 균근이 지니는 본질적인 역할을 규명해야 한다는 사실을 주지시킨다. 당시 할리 교수는 '균근의 아버지'나 다름없었는데 나는 영광스럽게도 그를 만날 기회가 여러 번 있었다. 우리 연구실에서 개최된 세미나에서 그를 봤을 때 그는 이미 일흔에 가까운 노학자였다. 하지만 드높은 명성 덕에 후광까지 비쳤던 그는 우렁찬 목소리로 좌중을 사로잡았고 강연은 아직도 기억에 남을 만큼 인상적이었다. 너도밤나무의 외생균근 기능에 관한 그의 연구는 당시 젊은 학자였던 나에게 훌륭한 지표가 되었고, 이 같은 영감을 원천으로 나는 신기술을 백분 활용하며 그의 연구를 이어나갔다.

상리 공생의 비밀을 파헤치기에 앞서 잠시 가던 길을 멈추고 주위를 둘러보자. 숲속 한가운데, 키 큰 나무들 틈으로 작은 오솔길이 있고 이 길은 햇빛이 하얗게 부서지는 숲속 빈터로 우리를 안내한다. 백여 년간 꼿꼿이 서 있는 참나무와 너도밤나무는 우리를 에워싸며 장엄한 기개를 내뿜는다. 그 모습은 숲이라는 식물들이 지은 섬세한 성당의 중앙 홀과도 같다. 호리호리한 나무줄기를 바라보다가 무성한 나뭇잎으로 시선이 저절로 옮겨간다. 30미터 높이에서 빼곡히 들어찬 잎들은 초록빛 지붕을 이루고 태양광은 그 사이로 부드럽게 새어나온다. 이제 광합성이 주는 찬란한 풍요는 잊고 여러분의 발밑에 있는 컴컴한 세계로 들어가 보자. 흙은 갈색과 회색이 뒤섞인 거무스름한 빛을 띠는데, 가을날 낙엽이 우수수 떨어지면 이렇게 두터운 식물성 카펫이 만들어진다. 미생물의 분해 작업이 한창인 이 흙덩어리를 전문 용어로 부엽토라고 하고, 그 무게는 1헥타르당 15톤에 육박한다. 부엽토는 바닥에 떨어진 줄기와 잎, 잔가지, 열매가 뒤섞여 분해된 흙으로 내부에는 촘촘히 연결된 균사 조직과 가느다란 뿌리들, 그리고 미생물이 서식한다. 발끝으로 땅을 지그시 누르면 낙엽과 균류가 동거하는 축축한 흙에서 고약한 냄새가 올라온다. 이렇게 살아 숨 쉬는 부엽토 카펫에 틈이 생기면 또 다른 세계로 가는 관문이 열리고 미생물은 새로운 여정을 시작한다.

부식토와 부엽토를 비롯한 토양에 서식하는 작은 생물들은 바이러스, 박테리아, 균류, 원생동물, 진드기류, 갑각류 등 그 종류가 실로 다양하고 여러 지역에 광범위하게 분포되어 군집을 이룬다. 그런데 우리 눈에 보이지 않는 이 작은 일꾼들이야말로 숲 생태계가 평온한 나날을 보내는 데 혁혁한 공을 세운 일등공신이라 할 수 있다. 미생물이 유기 질소를 무기화시켜 식물의 생장에 없어서는 안 되는 질산염과 암모늄을 만든다. 미생물은 강력한 산을 방출해 기초 지반을 구성하는 모암母巖의 원초적 광물을 변화시켜 산림 토양의 비옥함을 결정하기도 한다. 또한 분해 효소라는 초강력무기로 동식물의 사체나 배설물에 갇혀 꼼짝 못하는 탄소를 해방시켜 탄소의 순환을 돕는다. 이렇게 토양 속 미생물이 부지런히 분해자의 역할을 해내는 덕분에, '생물 지구의 화학적 순환'이 순조롭게 이루어지고 그 결과 숲이 존속할 수 있다.

균근 공생은 이 거대한 순환에서 중추적 기능을 수행한다. 균근성 균류에 연결된 미생물 복합체가 균근권(균근을 형성하는 뿌리의 몇 밀리미터 반경에 있는 토양권) 내 무기물의 변화에 있어 핵심적인 역할을 하기 때문이다. 따라서 균근권에 서식하는 미생물은 숲 생태계가 원활히 기능하는 데 중요한 요소로 작용할 뿐 아니라 산림의 생물다양성을 보존하고 생산성을 유지시키는 데 큰 영향을 끼친다. 이렇듯 나무와 동거하는 미생물은 생태계에서 없어서는 안 될 고마운 존재지만 임업 종사자들은 너무도 오랫동안 이들을 등한 시했다.

각설하고 본론으로 돌아가, 내가 온 열정을 바친 대상이자 베일에 싸인 비밀스런 존재인 그 유명한 균근에 대해 본격적으로 이야기하고자 한다. '균근'이라는 말은 나무와 균류 간의 상호 부조적 결합이라는 의미를 아주 잘 함축하고 있다. 프로이센의 식물학자, 알베르트 베른하르트 프랑크Albert Bernhard Frank(1839~1900)가 바로 '균근'이라는 말을 탄생시킨 장본인이다. 왕의 지시로 트러플 생산을 연구하던 그는 나무를 관찰하다가 '뿌리+버섯'의 혼합 조직을 발견하게 되고, 그리스어로 버섯을 뜻하는 'mukè'와 뿌리를 뜻하는 'rhiza'를 합쳐 'mycorrhiza', 즉 균근이라는 신조어를 탄생시켰다. 외생균근이란 나무와 공생하는 균류의 미세한 균사가 나무 잔뿌리를 점유한 상태를 의미한다. 가지 모양의 균사가 뿌리의 표피 세포 사이로 들어가 균사체라는 세포간 조직을 만들어내고, 바로 이곳에서 나무와 균류는 양분을 교환한다. 기생균과는 다르게 외생균근균은 숙주 식물의 세포 안까지 침투하지 않기 때문에, 식물의 면역 체계에서 일어나는 침입자를 내쫓기 위한 방어 작용을 억제할 수 있다. 외생균근에 '외外'라는 접두사가 붙는 것도 바로 이러한 이유 때문이다. 균사 가닥은 빠르게 증식해 균투라는 두

꺼운 외피를 형성하는데, 균투는 촘촘하게 엉킨 여러 개의 균사층으로 이루어져 있다. 뿌리와 분리되는 균투를 기점으로 균사는 가지를 뻗듯 퍼져나가며 조밀한 조직을 형성하고 주변을 탐색한다. 굴곡을 최대한 피해가며 동식물의 잔해나 낙엽이 분해된 흙더미를 더듬는 균사는 때로는 10센티미터가 넘는 거리까지 나아가며 균사 조직과 숙주 식물의 생장에 반드시 필요한 양분을 얻으려고 애를 쓴다. 이렇게 균사체가 흙 사이로 침투하면 뿌리의 흡수력이 신장되고 그 결과, 나무의 뿌리 체계가 놀라운 수준으로 확장된다. 이는 암모늄 이온이나 질산염, 인산염, 칼륨과 같은 무기물을 농축된 형태로 얻기 힘든 숲에서 나무의 생장에 필수불가결한 요소로 작용한다. 약 2만 종이 넘는 외생균근균이 참나무나 소나무, 너도밤나무 같은 이북 온대 지역 및 산악 지대에 서식하는 주요 수종과 공생을 맺으며 살아간다. 이들 균류는 대부분 앞서 기술한 자낭균류와 담자균류에 속한다.

최근 몇 년 사이 산림 토양에 서식하는 균근성 균류에 대한 집계가 상당 수준으로 발전했다. '유전자 증폭 기술PCR'과 같은 혁신적인 접근법과 여기에서 파생된 유전자 지문이나 DNA 염기서열에 관한 신기술들이 대거 개발되어 보다 효율적인 연구가 가능해졌기 때문이다. 이제 알려지지 않는 균류를 파악하는 데 긴 시간을 들이고 복잡한 절차를 거칠 필요가 없어졌다. 우선 균류의 세포 조직을 몇 밀리그램 채취한 뒤 DNA 염기서열을 생성해내어, 기존에 수집된 데이터베이스와 비교하기만 하면 된다. 앞서 언급했듯 학계에 보고된 종은 고유한 분자 라벨, 즉 DNA 바코드로 표시할 수 있고 이를 데이터베이스로 구축해 관리하고 있다. 위의 작업을 거친 후 컴퓨터 프로그램으로 염기서열 간의 유사성을 측정하면 대상 생물의 계통 관계를 규명할 수 있다. 현재 업계에서는 몇 시간 만에 DNA 염기서열을 수백만 개나 생성해내는 기계를 사용하고 있으며, 극지방에서 열대 지역에 이르기까지 지구 곳곳에서 채취한 샘플 수천 개가 이 같은 과정을 거쳐 학계에 보고되었다.

숲에서 새로운 실험 현장을 찾을 때면 가을에 자실체를 피우는 균류를 파악하는 작업을 우선적으로 한다. 그런데 문제는 무작위로 자실체를 피우는 균류가 너무 많다는 사실이다. 10년에 한 번꼴로 자실체를 내는 종도 있는 까닭에, 하는 수없이 매해 가을이면 현장을 찾아 면밀히 살펴야 하고 이 작업을 수년에 걸쳐 지속해야 한다. 현재 하나의 활엽수림이나 침엽수림에서 발견되는 균류의 수는 수백여 종에 달한다. 그런데 이 중 많은 수가 사실상 잠을 자고 있는 상태이며 특정 여건이 갖춰질 때만 번식을 개시한다. 균학자들이 20년이 넘는 시간 동안 지속적으로 관찰했음에도 매번 답사를 나갈 때마다 새로운 종을 발견하는 현장도 있다. 이렇게 좀처럼 발견되지 않는 희귀 균류는 가뭄 등으로 숲이 스트레스를 받거나 교란으로 주요 균류가 멸종하는 예외적 상황이 발생할 때 비로소 깊은 잠에서 깨어나는 것으로 추정된다.

처음으로 DNA 염기서열 도구를 활용해 균류 조사를 했을 때 토양 몇 그램에서 수백여 종의 균류가 확인되는 것을 보자 놀라움을 금치 못했다. 모르방Morvan에 있는 브뢰유 슈뉘Breuil-Chenue 숲은 우리가 좋아했던 현장 중 하나로, 그곳에서 나는 동료 학자인 마크 뷔에Marc Buée와 스테판 위로즈Stéphane Uroz와 함께 참나무, 독일가문 비나무, 너도밤나무, 소나무, 더글러스전나무 등 다양한 나무 밑에 서식하는 균류를 채취했다. 토양에서 DNA를 추출한 뒤 염기서열을 분석해 숲에 서식하는 균류의 수가 830종이나 된다는 사실을 알아냈다. 이 중 끈적버섯과 젖버섯, 무당버섯을 포함한 균류 20여 종이 전체의 70퍼센트 이상을 차지하는 반면, 나머지 수백여 종이 차지하는 비중은 미미했다. 이처럼 외생균근균의 군집에서 특정 균류가 지배적으로 관찰되는 현상은 조림 수종과 연관이 깊다. 미생물학자와 버섯 채취꾼은 오랜 세월 숲을 관찰한 끝에 '모든 나무는 저마다 선호하는 동반자가 있다'는 결론을 내렸는데, 위의 연구 결과는 이들의 주장이 틀리지 않았음을 보여준다. 이처럼 수십여 종이 다수를 차지하고 수백여 종이 소수를 이루는 종의 분포는 대부분의 생태계에서 일반적으로 나타나는 현상이라 할 수 있다.

나무는 이렇게 수백여 종의 균류와 공생을 맺으며 살아간다.

자실체의 미생물학적 조사나 외생균근의 형태학적 특징, 또는 토양 DNA 분석을 통한 균류의 집계 등 다양한 연구가 이 같은 사실을 뒷받침해준다. 프랑스 중부 알리에Allier의 트롱세Tronçais 숲이나 서북부 사르트Sarthe의 베르세Bercé 숲에는 수령이 3백 년이나 되는 참나무들이 250여 종의 균류와 평화로이 공존하고 있다. 숲속 나무들은 어째서 이토록 많은 미생물과 파트너십을 맺고 있는 걸까? 솔직히 털어놓자면 학계에서도 여전히 답을 찾는 중이다. 그렇다면 각각의 균류가 나무와의 상리 공생에서 특정한 역할을 맡고 있는 것일까? 상대의 부족한 기능을 보완해주는 상보성을 먼저 언급할 수 있다. 젖버섯은 질산염, 꾀꼬리버섯은 인산염 흡수에 특화되어 있고 그물버섯은 가뭄이나 기생균의 공격으로부터 뿌리를 보호한다. 다른 설명도 가능하다. 여러 균류가 동일한 기능을 수행하며 동일한 역할을 맡는다. 이렇게 되면 기능이 중복되고 한 종이 환경적 스트레스나 기생균의 등장으로 사라지면 곧장 이웃 균이 그 자리를 차지한다. 상보성 또는 중복성인가의 문제는 생태학 전반에 대한 물음으로, 비단 균류만이 아닌 동식물에게 모두 적용된다. 하지만 이에 대해 명쾌한 답을 내놓는 일은 매우 힘들다. 숲 한가운데에 오래도록 왕좌를 지킨 참나무 뿌리에서 어떻게 단 하나의 균류를 떼어내 자연과 분리시킬 수 있을까? 간소화된 실험 시스템을 이용해 공생 관계의 복합성을 그대로 재현하여 생태적 현상을 실험실에서 규명해야만 한다. 나무에서 돋아난 새싹은 처음에는 하나의 균하고만 이야기를 나누지만 이내 그 수가 두 개, 세 개로 늘어나 종국에는 셀 수 없이 많은 균류와 소통한다.

수령이 백 년이나 되는 참나무 한 그루의 잔뿌리는 수백만 개에 달하고 잔뿌리에 연결된 균근균은 수백여 종에 이른다. 이렇게나 많은 뿌리와 균류가 끊임없이 소통을 하고 있으니 그 대화의 양을 상상해보면 머리가 아플 지경이다. 공생을 맺는 것은 간단치 않다. 서로 다른 계kingdom에 속하는 나무와 버섯이 소통하려면 공통된 언어를 찾아야 할 것이다. 의사소통에 성공하여 잠재적 파트너 간의 신호 교환이 끝나면 이들은 공동의 집을 짓고 이것을 기능하게 만든다. 미생물학자들에게 균근 공생을 명확히 규명해내는 연구란 결코 만만치 않은 도전이다. 그렇지만 먼 훗날 균근 연구가 임업을 친환경적인 방향으로 발달시키는 데 크게 기여할 것이다.

나무와 균류가 공생을 맺을 때 관찰되는 양분의 교환과 대사경로에 대해 언급한 적이 있다. 과연 우리는 이를 둘러싼 나무와 균류의 섬세한 메커니즘을 속속들이 안다고 할 수 있을까? 다양한 균근이 형성되고 조화롭게 기능하는 데 필요한 유전자 프로그램을 인간이 해독할 수 있을까? 시간을 거슬러 올라가 나무와 동맹을 맺는 균근균에 대한 진화의 역사를 다시 쓸 수 있을까? 하나의 연구에서 수백여 개의 가설이 검증되고 수많은 진전과 후퇴를 반복하기도 하며, 예기치 않은 결과나 뜻밖의 발견이 새로운 관점을 제시해주기도 한다. 생물학자들을 비롯한 공생을 연구하는 과학자들은 분자생물학이나 유전공학, 게놈 서열과 같은 놀라운 기술 혁신의 수혜자들이다. 기술은 날로 진일보하고 있으며, 새로운 분석 기술이 등장할 때마다 이를 적용할 수 있는 분야는 빠르게 발전했다. 균근 공생에 대한 분자 연구는 크게 두 시기로 나뉘었다고 볼 수 있다. 하나는 공생과 연관된 유전자와 단백질의 특징 규정이었고, 다른 하나가 균근성 균류의 유전체 해독이었다. 이제는 복잡하게 얽혀 있는 숙주 식물과 곰팡이 파트너의 유전자 프로그램을 연구할 모델을 선정하는 일이 남았다. 이러한 의미에서 지구 반대편에서 온 새로운 커플을 소개할까 한다. 바로 유칼립투스*Eucalyptus globulus*와 파트너에게 꼼짝 못하는 모래밭버섯인 피솔리투스 미크로카르푸스*Pisolithus microcarpus*다.

8장 짚신도 제짝이 있다, 모래밭버섯

우리는 멸시의 눈으로 자연을 무기력한 노예로 바라봤다. 우리는 자연의 신비를 등한시한 채 그보다 뛰어나길 바랐다. 우리는 정교한 기계로 자연을 대체하려 했다. 그랬던 우리가 지금, 예기치 않은 불쾌감을 느끼거나 무심코 저지른 일 때문에 좌절한들 어쩔 도리가 있겠는가.

앙리 드 몽프레(Henry de Monfreid)의 『홍해에서의 모험』 중에서

얼마 전 내린 비로 엉망이 된 붉은 도로 위에서 차가 덜컹거렸다. 우리는 케냐의 아라부코 소코케Arabuko Sokoke 국립공원의 산림보호구역 한가운데에 있었다. 이곳은 동아프리카 연안에 위치한

광활한 삼림의 생물학적 보고로, 앙골라에서 탄자니아까지 아프리카 남부와 중부를 가로지르는 거대한 식생대가 오래전에 형성된 곳이다. 4백 제곱킬로미터에 달하는 드넓은 땅에 각양각색의 조류와 곤충류, 포유류가 서식하는 까닭에 생물다양성이 높은 중요 지점인 '핫스팟hotspots' 25곳 중 하나로 선정되는 등 생물학적 가치가 높은 곳으로 평가받는다. 몸바사Mombasa에서 트럭을 타고 울퉁불퉁한 해안 도로를 달려 말린디Malindi 인근의 게디Gede 산림 스테이션에서 도착한 나는 그곳에서 옥스퍼드대학 산림연구소의 병리학자인 마이크 아이보리Mike Ivory와 케냐 산림연구소 소속 전문가 리누스 므완지Linus Mwangi를 만났다. 미생물 조사를 하는 동안 리누스가 고용한 무장 레인저 몇 명이 우리와 동행했는데 이들은 샘플을 채취할 때도 사파리 차량 근처를 떠나선 안 된다고 당부했다. 나무 아래에는 붉은그물버섯과 자갈버섯, 모래밭버섯이 풍성하게 돋아 있었고 답사가 예상대로 흘러가자 나는 내심 뿌듯했다. 레인저들이 괜스레 경계 태세를 갖추고 있는 것 같아 살짝 신경이 거슬리던 찰나, 도로 아래에서 나뭇가지가 우지직 부서지는 굉음이 들렸다. 코끼리 한 무리가 주변을 모두 깔아뭉개며 작은 숲에서 우르르 내려오고 있었다. 커다란 귀를 펄럭이며 코를 말아 올려 나뭇잎과 가지를 낚아채는 거대한 회색 생물체들은 너무나도 인상적이었다. 우리는 회색 무리를 향해 총을 겨누고 있는 레인저 곁으로 재빨리 달려갔고, 다행히 이 초대형 생물체들은 관목숲을 게걸스럽게 먹어치운 후 유유히 걸어 나가더니 이내 자취를 감추었다. 미옴보Miombo에서 새로운 균류를 찾아야 한다는 일념 하에 우리는 작열하는 태양을 견뎌내며 작업을 이어갔다. 미옴보는 미옴보나무 Brachystegia spiciformis나 줄베르나르디아Julbernardia, '두시에'라고 불리는 아프젤리아 콴젠시스Afzelia quanzensis, 이소베르리니아Isoberlinia와 같은 콩과Fabaceae 나무가 주를 이루는 사바나의 산림 지대다. 우리는 리누스가 가르쳐준 대로 막대기를 좌우로 흔들며 앞으로 나아갔고 그 덕분에 키 큰 풀 사이에 포진해 있는 거미줄을 피할 수 있었다. 버섯을 채취하기엔 프랑스 로렌보다 아프리카가 더욱 위험한 곳임에는 틀림없었다.

케냐 산림연구소는 아라부코 소코케 보호구역 주위에 현지 수종을 심는 재조림 사업을 야심차게 출범시켰다. 나무의 생장에 유리한 환경을 조성하기 위해 미옴보에서 자생하는 외생균근균을 묘목에게 감염시켰다. 나무와 균류의 궁합은 숲을 성공적으로 가꾸는 데 결정적 역할을 한다. 사랑하는 연인들처럼 나무와 균류도 상대에 대한 결합력이 강할 때 더욱 돈독한 관계가 맺어진다. 진화를 거듭하면서 나무와 균류 간에 보이지 않는 관계가 형성되었다. 어린 나무에 균근성 균을 감염시키는 '균근균 접종'을 처음으로 시도했을 때, 임업 종사자들은 과학적 이유는 정확히 몰랐지만 당연한 상식처럼 자연의 법칙을 따랐다. 카리브소나무나 멕시코소나무 같은 미국소나무를 아프리카 식민지에 심는 일이 실패로 돌아가자, 영국과 프랑스, 네덜란드의 식민지 개척자들은 묘목을 심었던 흙까지 조심스럽게 가져왔다. 이렇게 이들은 묘판의 토양에 서식하던 균근균의 포자를 아프리카 땅으로 들여온 것이다. 이미 어린 나무의 잔뿌리에 살고 있던 알버섯속*Rhizopogon*이나 비단그물버섯속 *Suillus*에 속하는 균근균들은 긴 여행 끝에 나이지리아와 세네갈, 남아프리카에 도착했다. 이국의 토양은 플랜테이션 농장을 운영하는 대농장 주인들에 의해 동서아프리카 전역으로 광범위하게 퍼졌다. 전형적인 생물학적 침입에 속하지만 19세기에는 그 누구도 이를 충격적인 일이라 여기지 않았다.

이러한 결합력, 즉 공생하는 나무와 균류 간의 조화는 일련의 생물학적 과정으로 설명될 수 있는데 이를 '기주특이성'이나 두 파트너 간의 양립성 또는 불양립성이라고 표현한다. 다른 생물의 시선이 닿지 않는 땅속에서 현대 과학이 밝혀내지 못한 중대한 사건들이 연속적으로 일어난다. 균근균과 그의 숙주는 의사소통과 관련된 단백질과 유전자 조직, 그리고 신호를 이용해 대화를 시도한 끝에 상리 공생이라는 결합을 성사시킨다. 분자로 된 이 열쇠 꾸러미를 사용해 뿌리로 들어가는 문을 열고 숙주 식물과 동거를 시작하는 것이다. 우리가 스와힐리 연안의 사바나까지 온 까닭도 바로 이런 이유에서였다. 나무와 균류를 맺어주는 중매쟁이 노릇을 해야 했기 때문이다. 미옴보에 서식하는 수종과 가장 효과적으로 균근을 형성하는 토착균을 찾는 것이 당시 우리의 미션이었다. 나는 모래밭버섯의 아프리카 사촌쯤 되는 버섯이 가장 유력한 후보감이라고 생각했다. 참나무에서 소나무에 이르기까지 여러 수종과 두루두루 잘 지내는 모래밭버섯*Pisolithus tinctorius*은 세계 어디에서나 볼 수 있는 외생균근균이다. 새롭게 개발된 기술 덕분에 여러 수종에 연결된 모래밭버섯의 유연관계를 파악할 수 있었다. 아프리카 동부 연안에 서식하는 모래밭버섯은 유럽모래밭버섯과 친척뻘이라 할 수 있을까? 혹시 새로운 가정을 꾸려 아프리카 신종을 탄생시킨 것은 아닐까? 대륙이 분리되면서 세계 곳곳에서 흩어진 모래밭버섯이 진화를 거듭하며 특정 기주와 결합하는 신종으로 분화한 것은 아닐까?

흔히 외생균근균을 보고 성격이 가장 좋다고들 한다. 파트너를 고를 때 크게 까다로운 편이 아니라서 꽤 많은 수종과 스스럼없이 잘 어울린다. 예를 들어, 젖버섯류는 침엽수 같은 활엽낙엽수의 잔뿌리에 자리를 잡는다. 그렇지만 어떤 균류는 편애가 심해 단 하나의 수종하고만 짝을 맺는 종들이 있다. 젖버섯류에 속하는 많은 균류가 그러하다. 프랑스 숲을 살펴보면 향기젖버섯*Lactarius quietus*은 참나무 아래에서 채취되는 반면, 광릉젖버섯*Lactarius subdulcis*

은 너도밤나무 아래에 터를 잡고, 맛젖버섯*Lactarius deliciosus*은 소나무하고만 어울린다. 앞서 얘기했듯이 어떠한 메커니즘에 의해 이들의 결합이 결정되는지 아직 규명하진 못했지만, 세계화와 함께 외래종의 침입이 늘어나 생태계에 교란이 일어나자 점점 더 많은 연구진이 이 주제에 관심을 기울이고 있다. 생물다양성 보전이 전 지구적 이슈로 떠오르며 환경 문제에 관한 경각심이 고취되고 있다.

　우리가 케냐 연안을 선택한 이유는 단지 이국적인 정취 때문만은 아니었다. 미옴보의 수풀이 우거진 사바나는 카리브소나무*Pinus caribaea*와 호주에서 온 유칼립투스인 카말듈렌시스유카리*Eucalyptus camaldulensis*가 심어진 대농장 인근에 자리하고 있었다. 1900년부터 영국의 식민지 개척자들은 철도망 건설에 쓰이는 침목을 만들기 위해 이국의 나무를 케냐로 들여왔다. 그래서 우리는 소나무나 외래종 유칼립투스, 토종 두시에 등 다양한 나무 밑에서 모래밭버섯을 채취해 그의 혈통과 계통학적 관계를 규명할 수 있으리라 생각했다. 모래밭버섯의 자실체는 알아보기 쉽다. 이름이 말해주듯 주로 모래가 섞인 흙을 뚫고 나오며 지름이 15~20센티미터 정도인 갈색의 둥근 덩어리로, 아랫부분은 대 모양으로 길게 나와 땅속에 박혀 있다. 사실 모래밭버섯의 자실체는 마른 염소 똥처럼 생겼는데 이런 매력적이지 않은 외모 탓에 '당나귀똥버섯'이라고도 불린다. 가시덤불 사이로 사라진 코끼리 떼를 뒤쫓다가 두시에

의 비호 속에 어여쁘게 피어난 모래밭버섯을 우연히 발견했다. 그물버섯과 젖버섯, 모래밭버섯, 무당버섯을 포함한 외생균근균 10여 종을 채취한 우리는 뿌듯한 마음으로 국립공원에서 몇 킬로미터 떨어진 게디 산림 스테이션으로 돌아왔다. 스테이션의 사무국 입구에는 두시에가 방문객을 환영하듯 그늘을 드리우고 있었다. 그 아래에는 동글동글한 모래밭버섯의 자실체가 피어있었고 요행을 놓칠세라 서둘러 샘플을 채취했다. 사실 우리는 소나무와 유칼립투스 대농장 근처 숲길에서 이미 충분한 양의 모래밭버섯을 채취한 상태였다. 가방에는 토착 수종 1개와 호주와 중앙아메리카에서 온 외래 수종 2개에서 채취한 아프리카 모래밭버섯이 가득했다. 큰 수확을 얻은 것에 기뻐하며 말린디 인근 해안가 호텔로 돌아온 우리는 DNA가 손상되지 않도록 화학적 처리를 했고, 이를 토대로 유전자 염기서열을 분석하고 모래밭버섯 간의 유연관계를 밝혀낼 예정이었다.

　보람찬 하루를 보낸 날이었지만 나는 호텔 앞바다에 자리한 어촌의 독특한 풍광을 좀 더 만끽하고 싶었다. 사춘기 무렵, 앙리 드 몽프레의 자서전 『홍해에서의 모험』과 『하라에서 케냐까지』를 읽고서 모험의 세계에 푹 빠져 설레는 마음으로 하루하루를 보냈던 시절이 있었다. 그날 밤, 잔잔한 파도를 타고 백사장으로 밀려 들어온 다우선Dhow과 배를 정비하고 있는 스와힐리 어부들, 향신

료 냄새와 기도 소리가 한데 어우러져 있었고, 이러한 이국의 정취는 문득 1930년대 몸바사에 설치되었던 상관商館과 '아프리카의 뿔The Horn of Africa'의 밀수입자들을 떠올리게 했다. 고향 로렌을 떠나 인도양 연안에 앉아 있는 이 마법 같은 순간, 나는 과학자로서의 행복을 올곧이 느꼈다. 나는 앞으로도 세계를 여행하며 연구를 이어갈 것이다. 그리고 이것은 과학자들이 누리는 엄청난 특권임엔 틀림없었다.

아망스 숲의 연구실로 돌아온 나는 아프리카 모래밭버섯과 아메리카와 유럽, 아시아 대륙에서 채취한 백여 개의 모래밭버섯 간의 계보를 그리는 작업에 착수했다. 다시 말해, 먼 옛날 초대륙이 분리된 이래로 서로 다른 대륙에서 10여 수종과 공생을 맺으며 살아갔던 모래밭버섯의 열두 가지 계통이 어떠한 유연관계를 갖는지 규명하고자 한 것이다. 각각의 버섯에서 서둘러 DNA를 추출해 염기서열화 과정을 거친 다음, 앞서 언급한 트러플의 역사와 유전자 다형성 연구에 사용되었던 '유전자 바코드'를 비교·분석했다. 모래밭버섯의 모든 균류가 공통 조상에서 유래했기 때문에 각각의 버섯이 어느 정도 가까운 유연관계를 보일 것이라고 추측했다. 수천 년간 축적된 변이를 기반으로 이들의 정체를 파악하려고 했고, 모래밭버섯의 계통이 아주 오래전에 갈라졌기 때문에 그만큼 많은 변이가 일어났으리라 예측했다. 우리는 계통수phylogenetic tree를 그리는 소프트웨어를 사용해 DNA에 새겨진 모래밭버섯의 정교한 계보를 확인할 수 있었다.

백 개가 넘는 모래밭버섯에 대한 계통수를 분석한 결과, 그동안 베일에 싸였던 가문의 비밀이 밝혀졌다. 세계 어디에나 존재하는 '범세계주의자'이자 정처 없이 떠도는 방랑객이면서 지구상의 모든 수종과 어울리는 모래밭버섯은 실제로는 서로 다른 모래밭버섯 10여 종이 모인 집합체였다! 모래밭버섯이 북반구의 참나무와 소나무에 서식하는 반면, 호주에서 온 유칼립투스와 외생균근을 형성하는 모래밭버섯들은 새롭게 발견된 종과는 확연히 다른 그룹을 형성하고 있었다. 호주의 분류학자들은 들뜬 마음으로 신종 피솔리투스 알버스*Pisolithus albus*, 피솔리투스 하이포가에우스 *Pisolithus hypogaeus*, 피솔리투스 마르모라투스*Pisolithus marmoratus*, 피솔리투스 미크로카르푸스*Pisolithus microcarpus*에 학명을 붙였다. 우리가 두시에나무 아래에서 채취한 모래밭버섯 역시 한 번도 관찰된 적이 없는 케냐에서만 존재하는 종이었다. 모래밭버섯을 형성하는 복잡한 종의 관계를 규명하는 것을 떠나, 이러한 분석은 균류 집단에서 공생의 진화를 이해하게 하는 계기가 되었다. 새롭게 학계에 보고된 균류들은 강한 기주특이성을 보였다. 아주 먼 옛날, 대륙이 여럿으로 갈라진 이래로 모래밭버섯은 각자의 길을 걸으며 진화를 거듭했고 서식지에서 자생하는 수종을 우선적으로 선택해 공생을 맺은 것이다.

이러한 기주특이성은 게디 산림 스테이션에서 채취한 샘플에서 매우 두드러지게 나타났다. 모래밭버섯 샘플들은 토종 두시에나무와 외래종 유칼립투스, 소나무에서 채취한 것으로 서로 10여 미터 정도 떨어진 거리에 있었다. 모래밭버섯에 속하는 다양한 종의 포자가 분명 스테이션 전역에 걸쳐 분포되었을 것이고, 균근에서 파생된 균사 조직이 유칼립투스 농장과 소나무 농장 사이에 있는 길을 가뿐히 넘어 드넓게 분포했으리라 추측했다. 그런데 결과는 예상 밖이었다. DNA 분석 결과는 한 치의 모호함도 허용하지 않았다. 두시에나 유칼립투스, 소나무는 단 한 종의 모래밭버섯과 동거하고 있었다. 다시 말해, 각각의 나무에게 특정 파트너가 있는 셈이었다. 혼외 결합이 용이한 근접성에도 불구하고 이들은 배우자에 대한 정조를 굳건히 지키며 그 어떤 사사로운 정도 용납지 않았다.

웨스턴시드니대학의 조나단 플렛Jonathan Plett이 이끈 연구에 따르면 이렇게 배타적인 공생 관계가 성립하는 것은 균류가 숙주 나무의 잔뿌리와 물리적인 접촉을 시도할 때 의사소통 단백질을 방출하기 때문이라고 한다. 모래밭버섯류에 속하는 각각의 종들은 '분자 열쇠 꾸러미'라 할 수 있는 이 단백질의 특정 세트를 보유하고 있기 때문에 문을 열고 들어가 상대를 점령할 수 있다. 더욱 놀라운 것은 유전 공학을 이용해 유칼립투스에 서식하는 모래밭버섯의 열쇠 꾸러미를 소나무와 동거하는 모래밭버섯에게 주입시키면 소나무와 짝꿍인 모래밭버섯은 기존의 파트너 대신 유칼립투스의 잔뿌리와 대화를 시도하고 공생을 형성한다는 사실이다.

외생균근에서 나타나는 이러한 기주특이성은 사실 희귀한 현상은 아니다. 프랑스 남부 사람이라면 맛젖버섯을 직접 채취해봤거나 시장에서 한번쯤 구해본 경험이 있을 것이다. 오렌지색 자실체 때문에 알아보기 쉬운 맛젖버섯은 흠집을 내면 '젖' 또는 '유액'이라고 부르는 진한 오렌지색 액체가 나온다. 사실 '맛젖버섯'이란 말은 침엽수에 연결된 여러 균류를 아우르는 말이다. 프랑스어로 '연어색젖버섯'이라고 부르는 락타리우스 살모니콜로르*Lactarius salmonicolor*는 전나무와 어울리고 '고약한 젖버섯'이라는 뜻의 락타리우스 데테르리무스*Lactarius deterrimus*는 독일가문비나무와 짝꿍이며, 맛젖버섯*Lactarius deliciosus*은 구주소나무와 단짝을 이룬다. 그물버섯 애호가라면 침엽수와 배타적인 관계를 맺는 균류들을 잘 알 것이다. 실제로 껄껄이그물버섯속*Leccinum* 버섯들은 파트너를 고를 때 깐깐하기로 소문이 나있다. 프랑스에서 '포플러그물버섯'이라고 부르는 레키넘 두리우스쿨룸*Leccinum duriusculum*과 '오렌지빛깔그물버섯'이라는 이름의 레키넘 아우란티아쿰*Leccinum aurantiacum*은 포플러와 잘 어울리는 반면, '노란자루그물버섯'으로 부르는 레키넘 크로키포디움

*Leccinum crocipodium*은 참나무 뿌리하고만 균근을 형성한다. 비단그물버섯속*Suillus* 버섯 중에서 동제르맹Domgermain 고원의 석회질 초원을 언급할 때 등장했던 버섯은 흑송이나 해송처럼 뾰족한 솔잎이 두 개씩 나는 이엽송二葉松에 순응하고, 프랑스어로 '울보그물버섯'이라 부르는 수일루스 플로란스*Suillus plorans*는 알프스소나무와 균근을 형성하며, 큰비단그물버섯*Suillus grevillei*은 낙엽송하고만 친하게 지낸다. 알니콜라속*Alnicola*과 알포바속*Alpova*은 코르시카오리나무나 유럽오리나무 등 오리나무하고만 배타적으로 관계를 맺는다. 따라서 이들의 숙주가 생장하는 곳, 이를테면 강가나 이탄지, 산과 같은 특수한 환경에서만 위의 균류들을 만날 수 있다.

현재 검역 당국은 철저한 규제를 통해 병원 미생물의 부적절한 침입을 제한하고 있다. 느릅나무 시들음병과 밤나무 잉크병으로 느릅나무와 미국밤나무가 초토화되었던 것은 아시아에서 건너온 병원균의 유입으로 산림이 황폐화된 최악의 사례였다. 피해 지역에 이 수목병해에 대한 면역력이 없는 나무들이 서식하고 있어 느닷없이 들이닥친 불청객에게 목숨을 잃은 것이다. 이른바 신종 병해에 속하는 이들은 동식물을 몇 년 안에 완전히 사라지게 하는 위력을 갖고 있다.

균근균은 이와 같은 규제를 받지는 않지만 가공할 만한 생물학적 침입의 원인으로 지목된다. 뉴질랜드의 남섬 초원에 아메리카 대륙이 원산지인 콘토르타소나무*Pinus contorta*가 들어오자 이 수종과 균근을 이루는 외래 균류인 비단그물버섯속과 알버섯속의 번식이 가속화되었다. 스페인에서는 호주유칼립투스의 개체수가 증가하자, 다행인지 불행인지 보는 관점에 따라 다르겠지만, 호주에서 온 모래밭버섯의 수도 함께 늘어났다. 원래 유럽의 숲에 살던 맹독버섯인 알광대버섯*Amanita phalloides*은 현재 미주와 아프리카, 호주의 산림 지대에 널리 분포한다. '죽음의 성배'라 불리는 알광대버섯이 참나무와 밤나무에 섞여 이들 지역으로 유입되었기 때문이다.

따라서 균근 형성은 나무와 균의 우연한 만남이 이끄는 결실이 아니다. 이들의 상리 공생은 잠재적 파트너 사이에서 이루어낸 오랜 진화의 결과물이자, 경우에 따라서는 공진화coevolution의 결실이기도 하다. 오늘날 우리가 관찰하고 있는 균근의 상호작용은 5천만 년도 더 전에 균류와 나무가 맺었던 최초의 공생 관계에서 그 근원을 찾을 수 있다. 이는 실패로 돌아간 수많은 시도와 행복한 결합, 파트너의 교체라는 과정 끝에 획득한 결실이다. 예를 들어, 바람기가 다분한 열대무당버섯들은 오랜 진화의 시간 동안 파트너를 여러 차례 바꾼 전력이 있다. 북쪽으로 서식지를 확대할 수 있는 수종을 골라 '들이대어' 후대에게 새로운 기회를 제공하고자 했다. 이러한 상호작용은 나무와 버섯의 성공적인 파트너십을 결정짓는 요인이다. 기주특이성은 신호와 수용체, 연속적인 신호 전달을 내포하는 분자 메커니즘의 복잡한 시퀀스에 의해 조종된다. 모래밭버섯이 선호 수종과의 대화를 위해 의사소통 단백질을 사용한다는 사실은 앞서 언급한 바 있다. 하지만 이외에도 다른 요소들이 분명 존재할 것이다. 확산 가능한 신호와 단백질, 파트너 인식에 관련된 유전자를 파악하고 특징을 규정하며 균근을 형성하고 유지시키려면 조작이 용이한 실험 체계가 필요하다. 실제로 균근의 특정 단백질을 규명하려면 나무 한 그루에 하나의 균을 접종하는 방식으로 수천 개의 발아가 생성되어야 한다. 호주모래밭버섯의 하나인 피솔리투스 미크로카르푸스와 결합하는 유칼립투스의 새싹을 대량으로 생성시킬 수 있다면 연구는 순풍에 돛을 달게 될 것이다.

당시 연구소에 합류한 대학원생 장루이 일베르Jean-Louis Hilbert는 몇 달을 노력한 끝에 시험관 시스템에서 모래밭버섯과 균근을 형성하는 어린 유칼립투스 수천 개를 확보했고, 마침내 균근 형성을 관장하는 분자 메커니즘의 비밀을 밝혀내는 결정적 실험을 목전에 두고 있었다. 연구실은 짜릿한 긴장과 뜨거운 열정으로 가득 찼고, 우리는 외생균근이 형성될 때 나무와 균류의 단백질 합성에서 주요한 변화가 일어날 것이라 확신하고 있었다. 1988년 9월의 어느 날, '단백질 지도'의 비교를 통해 우리의 가설은 입증되었다. 접촉을 시도한 초기부터 균류와 숙주 식물에서 나타난 백여 개의 단백질 합성에서 변화가 일어난 것이다. 하지만 이보다 더 놀라운 사실은 바로 공생 단백질의 출현이었다. 두 생물 간에 상호작용이 일어날 때 오로지 모래밭버섯에게서만 이 단백질 합성이 개시되었다. 우리는 학자들이 새로운 길을 찾았을 때 느끼는 흥분과 동일한 감정에 사로잡혔다. 이 공생 단백질 중에 균류와 식물 간의 대화의 물꼬를 트는 열쇠가 있어서 버섯에게 뿌리로 들어와 세포 사이에 터를 잡게 허락해주는 것이길 바랐다. 그렇지만 의사소통 단백질 중 일부가 어떠한 과정을 통해 균근을 형성하고 공생의 양립성을 통제하는지를 이해하기까지 25년이라는 시간이 필요했다. 가스통 바슐라르Gaston Bachelard가 '애쓰지 않고 찾는 자는 찾지 않고 오랫동안 애쓴 자다'라고 말한 것처럼 오랜 시간의 노력이 필요한 일이었다.

오늘날 우리는 공생 관계가 식물과 균류의 유전자 프로그램에 엄청난 혼란을 가져온다는 사실을 알고 있다. 나무와 균류의 유전체에 의해 암호화된 수천 개의 유전자 프로그램 중, 두 파트너의 물리적 상호작용에 의해 가동되는 일부 유전자 프로그램은 세포를 다시 조직하고 뿌리와 균류 조직의 새로운 공간을 구성하고 두 파트너가 조율을 거쳐 새로운 물질대사를 완성하도록 이끈다. 하지만 새로운 공생 조직을 만들려면 몇몇 세포가 자신의 운명을 바꾸는 것만으로는 역부족하다. 환경적 제약으로 식물과 균류의 모든 세포 사이에서 유전자 프로그램의 협력이 절대적으로 필요하고, 이러한 과정을 거쳐야만 조화롭고 기능적인 구조에 다다를 수 있다. 따라서 세포는 서로를 알아보고 소통하고 신호를 주고받으며 만나고 결합하며 협력한다. 신호, 공생 유전자, 조절 유전자, 분자 통신, 의사소통 단백질이 한데 어울려 공생이라는 안무를 짜는데, 이들 무용수 중 많은 수를 이미 파악한 상태다. 실례로 다년간의 노력 끝에 툴루즈 연구진들은 균근균이 공생을 형성하기 위해 방출하는 신호를 알아냈고, 이를 '균근mycorrhiza'의 앞 글자를 따서 'Myc 인자'라고 명명했다. 지질과 당의 복잡한 배열로 이뤄진 이 화학 전달 물질은 숙주 식물의 뿌리 세포 표면에 위치한 수용체와 상호작용하며 균근 형성을 촉진시킨다. 이러한 전달 물질과 수용체 간의 상호작용은 화학적·분자적 연쇄 작용을 일으키며 균근 형성을 결정짓는다. 공생 협약이 체결되면 숙주 식물의 세포는 재조직되고 뿌리에 균사가 들어오도록 '허락'한다.

앞으로 숲을 산책할 때, 당신이 서 있는 나무 아래에 수백만의 잔뿌리와 수백의 균사 조직이 존재한다는 사실을 상기하며, 이들 사이에서 수천에 달하는 신호와 의사소통 단백질이 오가는 장면을 그려보길 바란다. 만약 공생 체결에 관여한 단백질과 신호 하나하나가 모두 빛을 발산한다면 당신은 지금쯤 눈부신 융단 가운데에 서 있을 것이다. 균류와 나무를 잇는 수많은 점들이 하얗게 반짝이며 빛나는 융단을 수놓을 것이다.

9장 적인가 친구인가, 보라발졸각버섯

과학적 연구를 미지의 무언가에 의해 통제되고 계획된 정복, 즉 체계적 작업의 표본으로 묘사하는 모든 에피날 판화*와는 반대로 방황과 우연성이라는 법칙이 그곳에 존재한다.

장마르크 레비르블롱(Jean-Marc Lévy-Leblond),

「탐구자와 명수(名手), 게으름뱅이」, 『앙파시앙스(Impasciences)』

다시 한 번, 나는 엘리외Élieux 국유림의 가을 숲을 찾아 이곳이 지니는 풍부한 미생물 자원을 조사하기 위해 나무 아래를 서성이고 있다. 보주의 전나무들은 아래쪽 피에르페르세Pierre-Percée 호수로 이어지는 축축한 음지 위에 우뚝 서서 푸르름을 과시한다. 프랑스 보주에 있지만 캐나다에 온 것 같은 느낌마저 든다. 어두운 전나무숲은 가을 금빛으로 단장한 너도밤나무와 자작나무로 예쁘게 빛난다. 붉은 사암으로 된 산성 토양과 수목의 다양성, 높은 습도가 한데 어우러져 버섯의 생장에 최적의 조건을 만든다. 무더운 여름을 지나 9월에 억수같이 비가 내리고 10월에 인디언서머가 이어지면서 평상시와는 다르게 버섯이 계속 모습을 드러내고 있다. 부엽토 위로 고개를 내민 수천 개의 자실체가 이끼 덮인 나무에서 활짝 피어난다. 10여 분만에 자주졸각버섯과 애주름버섯, 그물버섯, 깔때기뿔나팔버섯, 전나무끈적버섯아재비, 넓은옆버섯, 턱수염버섯, 붉은점박이광대버섯, 광대버섯, 자회색외대버섯, 소나무잔나비버섯, 젖버섯, 싸리버섯의 모습을 카메라에 담았다. 나는 나무 아래에서 시선을 거두고, 숲 둘레에 풀이 무성하고 모래질 토양으로 이뤄진 비탈에서 흔히 볼 수 있는 보라발졸각버섯*Laccaria bicolor*을 찾아 발걸음을 옮겼다. 너도밤나무가 드문드문 보이는 독일가문비나무숲 둘레의 맨바닥에 보라발졸각버섯이 옹기종기 모여 군생하고 있는 것이 눈에 띄었다. 이 버섯은 외관상 알아보기 쉽다. 갓의 지름은 3~7센티미터로 반구형인데 나중에는 편평해지고 가장자

---

*   image d'Épinal, 19세기에 에피날에서 만들어진 교훈적인 내용의 통속화-옮긴이

리는 물결 모양이며 적갈색이다. 갓 아래의 주름살은 성기고 자홍빛이다. 섬유질로 된 자루는 길고 살짝 비틀어져 있는데 갓과 같은 색이거나 갓보다 약간 진한 색을 띤다. 자루 밑동이 자홍색을 띠는데 나는 주로 이 부분을 살펴보고 보라발졸각버섯임을 확신한다. 그런데 유독 이 버섯에 관심이 쏟아진 이유가 뭘까? 풍미가 좋은 식용버섯도 아니고 그렇다고 그물버섯이나 광대버섯 같은 위용이 있는 것도 아닌데 말이다. 그럼에도 불구하고 보라발졸각버섯은 버섯계의 엄연한 스타다. 신문 1면을 장식하고 소셜 미디어에 사진이 실리며 유명세를 톡톡히 치렀으니 스타라 부를 만하다. 그 이유는 바로 유전체 해독에 성공한 최초의 '갓'이 있는 균이자 최초의 균근균이 바로 보라발졸각버섯이기 때문이다. 담자균류에 속하는 이 보잘 것 없는 버섯이 어떻게 이토록 유명해졌는지 그 뒷이야기는 사뭇 흥미롭다. 보라발졸각버섯이 스포트라이트를 받도록 부추긴 장본인이 다름 아닌 필자이기 때문이다.

내가 가르치는 학생들에게 이 존재감 없는 버섯이 어떻게 세계적인 명성을 얻게 됐는지에 대해 이야기해주면 하나같이 믿기 힘들다는 반응을 보인다. 이야기의 발단은 2003년 6월의 어느 저녁, 스웨덴 보트니아만 인근에서 시작되었다. 수목유전학과 생물학을 연구하는 학자 백여 명이 보트니아만에 위치한 도시 우메오 Umeå에 모여, 최신 연구 성과를 교류하는 시간을 가졌다. 연이는 발표와 토론으로 숨 가쁜 하루를 보낸 나는 미국 테네시주 오크 리지Oak Ridge 국립연구소의 포플러 게놈 프로젝트 책임자인 제리 터스칸Jerry Tuskan과 함께 맥주로 갈증을 풀고 있었다. 우리는 향후 어떤 주제가 세계적 과학 저널인 『사이언스Science』에 실릴 것인지에 대해 이야기를 나누고 있었다. 그런데 맥주를 마시던 제리가 아무렇지 않은 얼굴로 포플러 나무와 연계된 미생물 중 DNA 염기서열을 연구할 만한 것이 있는지 대뜸 나에게 물어보았다. 사실 그동안 내가 가장 좋아하는 균류 몇 종에 대한 게놈 프로젝트를 진행하고픈 마음이 굴뚝같았지만, 우리 연구소나 프랑스 국립농학연구소나 수백만 유로가 드는 대형 프로젝트를 지원할 여력이 없었기 때문에 그저 희망사항으로만 간직하고 있었다. 나는 맥주가 미지근해지는 것도 잊은 채, 균근성 버섯 중에서도 당시 연구가 진행 중이던 보라발졸각버섯이 얼마나 적합한 대상인가에 대해 열변을 토했다. 일은 속전속결로 진행됐다. 미국 연구진과 몇 차례 심도 있는 내용의 이메일을 교환한 후 몇 주가 지나 프로젝트의 윤곽이 그려지기 시작했다. 그리고 드디어 미국 에너지부 산하 DNA 염기서열 연구소는 우리의 제안을 수용했고 이듬해에 보라발졸각버섯 게놈 프로젝트를 출범시키기로 확정했다. 이렇게 시작된 프로젝트는 마침내 과학이라는 제단에 축배를 올리게 되었다. 생물학적 물질을 획득하고 양질의 DNA를 정제하며 유전체의 염기서열을 분석하는 작업에 예상보다 많은 시간이 소요됐지만, 2008년 드디어 보라발졸각버섯의 유전체가 세상에 공개된 것이다. 야심찬 프로젝트들은 이렇게 예기치 않은 곳에서 탄생하기도 한다. 카페 구석에서, 혹은 콘퍼런스 참가자들을 실어 나르는 버스 안에서 우연히 시작된 대화들이 뜻밖의 결실을 낳기도 한다.

2010년 3월, 보라발졸각버섯 유전체와 특징에 대한 연구 결과가 저명한 학술지인 『네이처Nature』에 게재되었다. 『네이저』는 오래된 역사와 함께 세계적 권위를 자랑하는 대표적인 과학 저널이다. 요즘 학계 일부에서 비판의 목소리가 나오고 있지만, 나와 연배가 비슷한 과학자들에게는 성배를 만지는 것과 다름없는 영광스러운 일이었다. 50여 명의 연구진이 한 자리에 모여 5년이 넘는 시간 동안 악착같이 매달렸던 연구가 어떻게 묘사됐는지를 확인했다. 우리 프로젝트는 3천 6백 단어로 함축됐다. 당시 염기서열 분석에 들어간 비용과 프로젝트에 투입된 박사 과정 연구원들과 박사 후 연구원들의 급여를 토대로 계산해보면 얼추 한 단어당 1천 유로를 웃도는 셈이었다. 대규모 예산과 많은 인력이 필요한 '메가 사이언스' 분야에서 경쟁력을 갖추려면 막대한 투자가 필요하다는 것은 의심할 여지가 없다.

최근 몇 년 동안 포플러 게놈과 공생균 백여 개의 게놈이 발표되면서 과거에는 생각지 못했던 새로운 과학적 시각이 열렸다.

하지만 이러한 기술적 혁명은 운용 방식 측면에서 새로운 제약을 동반한다. 방대한 양의 데이터를 처리하고 관리하는 기술적 차원을 넘어서, 인간적 차원의 고려, 즉 과학자들 간의 원활한 상호 교류가 절대적으로 중요하다. 실제로 게놈 프로젝트에서 수십 명의 과학자들은 하나의 공통된 목표를 향해 정진한다. 경험과 문화가 다른 과학자들이 모인 국제 컨소시엄을 이끄는 일은 까다로울 뿐 아니라 능숙한 외교적 수완을 요하기도 한다. 이렇게 막대한 예산과 인력이 필요한 연구가 젊은 과학자들에게는 '테크노크라트 technocrat(기술 관료)'를 연상시키거나 비현실적인 작업처럼 보일 수도 있다. 다행히 현실은 절대 그렇지 않다. 거대한 네트워크 안에서 서로 소통하며 연구진들 사이에선 우정이 싹트고 신뢰가 형성된다. 고백하건대, 여러 개의 게놈 컨소시엄을 조율하면서 나는 화자의 인격과 신뢰감을 뜻하는 '에토스ethos'와 정서적 호소와 공감에 해당하는 '파토스pathos', 그리고 논리적 뒷받침을 의미하는 '로고스logos'와 같은 인간의 다양한 감정을 깊이 이해하게 되었다. 그리고 과학자라는 직업의 이러한 이면이 무척 마음에 든다.

그렇다면 과연 보라발졸각버섯의 정체는 밝혀졌을까? 이 균근균의 유전 형질을 해독해냄으로써 우리는 무엇을 얻었을까? 이것이 그토록 중요한 까닭은 무엇일까? 보라발졸각버섯의 수많은 유전자를 줄줄이 나열하며, 어떻게 식물과 소통하며 공생을 맺는지에 대해 설명할 수 있을까? 숲에 서식하는 다른 버섯들과 차별화되는 보라발졸각버섯만의 특징은 무엇일까? 보라발졸각버섯은 죽은 유기물의 분해균일까, 아니면 살아있는 식물의 기생균일까?

각각의 세포핵에 들어있는 보라발졸각버섯의 DNA는 6천 1백만 개의 뉴클레오티드로 이루어져 있고 1만 9천 개의 단백질을 암호화한다. 이 단백질 중 여럿은 보라발졸각버섯만의 특징으로, 공생 형성에 결정적인 역할을 하는 것으로 보인다. 놀라운 것은 나무 분해에 사용되는 효소가 거의 없다는 점이었다. 먹물버섯을 비롯한 보라발졸각버섯의 사촌격인 버섯들이 다량으로 함유하고 있는 이 효소는 식물 잔해로부터 양분을 취할 수 있게 돕는다. 나는 나무뿌리에 연결된 채 부엽토에서 살아남으려면 보라발졸각버섯이 유기물 분해에 관여하는 유전자를 조금은 가지고 있을 것이라 기대했다. 그러나 리그닌과 셀룰로오스를 분해하는 능력을 상실한 보라발졸각버섯은 숙주 식물에게 전적으로 의존하며 단당류를 빨아들였고, 세포에게 이를 전달해 생장을 이어갔다. 이렇게 숙주로부터 당을 직접적으로 주입받는 상황에서 보라발졸각버섯이 굳이 리그닌과 셀룰로오스를 잘게 쪼개는 수고를 할 필요가 있겠는가? 이에 따라 나는 숙주로부터 단당류를 공급받는 균근균들이 무용지물이 된 셀룰로오스 분해 효소를 점차적으로 제거했을 것이라는 가설을 세웠다. 치열한 흙 속 전쟁터에서 벗어나 안락한 나무뿌리에서 배불리 양분을 섭취하는 균류는 숙주 식물에게 완전히 의존한다. 이제 와서 태엽을 거꾸로 감아 독립적인 존재로 거듭날 수도 없는 노릇이다. 진퇴양난에 빠졌지만 진화의 진정한 승자라고 할 수 있다.

최초의 균근균 유전체 해독은 마치 누군가 캐내어가길 기다리는 금광을 발견한 것과 같았다. 이와 관련된 주요한 성과 중 하나가 바로 '공생으로 유도되고 분비된 작은 단백질들' 또는 'MiSSPs(Mycorrhiza-induced Small Secreted Proteins)'의 발견이었다. 이 중 MiSSP7 코드라는 이름에 응답하는 단백질에 대한 이야기를 들려주고 싶다. 당시 낭시 농학연구소의 안느그레 콜레르Annegret Kohler 는 균근의 상호작용에서 이 단백질을 암호화하는 유전자가 가장 강하게 발현되었다는 사실을 나에게 알려주었다. 나는 이러한 단순한 사실에 근거해 이 단백질을 연구해보기로 마음먹었다. 그리고 스스로 통찰력 있는 선택이었음을 믿어 의심치 않았다. 2009년 1월, 이제 갓 졸업해 박사 논문을 준비 중이던 조나단 플렛이 단백질 연구를 위해 우리 팀에 합류하던 날이 아직도 생생하게 기억난다. 점점 더 흥미로운 결과들이 빠르게 축적되었고 우리는 흥분을 감추지 못했다. 유전 공학 기술로 MiSSP7을 암호화하는 유전자를 불활성화시키자 균류가 뿌리로 침투하지 못했고 이로써 균근 형성에서 이 단백질이 수행하는 역할이 확인되었다. 더욱 뜻밖이었던 것은 MiSSP7이 뿌리 세포핵 안에 빠르게 축적된다는 사실이었다. 우리의 흥분은 최고조에 달했다. 당시 알려진 사실과는 반대로, 균근균이 식물 내부에 단백질을 주입한다는 것은 용감한 균류가 숙주를 조종한다는 것을 암시했다. 이로써 상리 공생을 위해 사랑으로 맺어진 나무와 버섯의 아름다운 이미지는 산산조각이 나버렸다. 동식물에 기생하는 균류와 병원균에게서 파트너의 기능을 조절하는 분자들이 발견되기는 했지만, 균근균에서 이와 같은 현상이 발견된 것은 처음이었다. 숙주 내부에 들어가는 순간, 균근균은 가공할 만한 효율을 과시하며 방어 시스템의 대부분을 무력화시켜버린다. 식물도 침입자의 불쾌한 행동을 저지하고자 보통은 세포 감염을 막기에 충분히 효율적인 전략들을 총동원해 반격에 나선다. 이들의 전투는 끝이 없는 군비 경쟁을 방불케 한다.

첫 번째 발견 이후, MiSSP7 단백질의 행동 방식을 철저하게 분석하는 일이 남아있었다. 포플러 내부에서 과연 어떤 것이 이 이펙터 단백질effector protein의 타깃이 될 것인가? 연구자의 정신은 실제의 관찰과 마음 속 상상 사이를 끊임없이 오가며 발전한다. 우리는 관찰 결과를 토대로 그럴듯한 연구 모형을 신속하게 설계했고 테스트를 기다리고 있었다. 몇 달간 복잡한 실험을 거친 끝에 조나단과 팀에 새롭게 합류했던 요한 다게르Yohann Daguerre는 마침내 MiSSP7이 타깃으로 삼은 단백질의 정체를 밝혀냈다. 결과는 예상보다 더 흥미진진했다. MiSSP7이 'JAZ' 코드라는 이름을 가진, 식물의 방어 반응을 촉진시키는 조절 단백질 중 하나에 달라붙는 것을 확인했기 때문이다. 침입자가 식물을 공격하면 메틸 자스모네이트라는 경고 분자가 여러 세포에 전해진다. 이때, MiSSP7이 JAZ에 결합해 기능을 저해하여 방어 시스템이 침입자를 막지 못하도록 한다. 균근의 공생 과정에서 MiSSP7의 JAZ 결합은 메틸 자스모네이트가 유도하는 정상적인 방어 경로의 작동을 저지한다. 나무 잔뿌리에 침입해서 MiSSP7을 분비하는 보라발졸각버섯은 결국 식물이 방어 시스템을 개시하지 못하도록 이를 원천봉쇄하는 것이다. 거절은 수용되지 않으며 식물은 버섯의 제어 하에 놓인다. 우리는 나무와 버섯의 우호적 동맹이 아닌 쿠데타를 목격했다. 보라발졸각버섯 같은 균근균은 나무뿌리에 거부당하지 않고 공생 형성에 대한 '모두스 비벤디Modus Vivendi', 즉 잠정적 협정을 체결하기 위해 지난 수백만 년 동안 식물 숙주를 효과적으로 조종하는 방법을 발달시켰을 것이다. 과학에선 공생균과 기생균의 경계가 명확하다. 유기체를 명료하게 분류하는 것을 유독 좋아하는 과학자들이 그 경계를 인위적으로 유지시키기 때문이다.

연구진 전체가 뜻밖의 메커니즘을 규명했다는 사실에 자랑스러워했다. 2012년 11월, 자신에 찼던 우리는 연구 결과를 담은 논문에 '공생 생물의 쿠데타'라는 제목을 붙여 권위 있는 과학 학술지인『미국 국립과학원 회보PNAS』에 제출했다. 2013년 1월 말, 보완 실험을 실시한다는 조건 하에 논문 게재가 결정되었다. 실망스러운 소식이었지만 연구진 전체가 다시 소집되어 비판에 대응할 데이터를 생성하기 시작했다. 그리고 2014년 봄, 마침내 논문이 게재되었다. 2003년 6월, 처음으로 보라발졸각버섯의 게놈 염기서열을 거론한 이후 MiSSP7 이펙터 단백질에 의한 식물 면역의 조절 메커니즘을 발표하기까지 10년이라는 시간이 걸렸다. 연구 결과 속에 자그마치 10년어치의 실험과 분석이 녹아있는 것이다. 학자가 갖추어야 할 가장 중요한 덕목이 인내심이란 사실을 몸소 체험한 시간이었다.

10장 숲의 청소부, 덕다리버섯

파도처럼, 단 한 번도 잠잠해진 적이 없는 커다란 잔가지들, 그곳에서 까만 침묵이 더 까만 그림자와 함께 드리우고 적막하고 음산한 이 모든 경관이 나를 깊고 기괴한 공포로 채운다.

폴 베를렌(Paul Verlaine) 「나무 안에서」, 『사투르누스의 시(Poèmes saturniens)』

비를 머금은 구름 행렬이 '부활Resurrection 반도'의 산 정상과 빙하에 집요하게 부딪힌다. 태평양에서 흘러온 물이 연안을 스치고 거대한 늪지대에는 고사한 나무들의 앙상한 뼈대가 박혀 있다. 우리는 통나무 길을 조심스럽게 걸으며 질퍽한 대지를 가로지른다. 고요한 기운은 상승 기류를 타고 부드럽게 비상하는 흰머리수리의 날카로운 울음소리에 깨져버린다. 아침 안개가 서서히 걷히고 있지만 남은 조각들이 가문비나무와 캐나다솔송나무 꼭대기에 걸쳐 있다. 수령이 백 년쯤 되는 이 침엽수들은 해역에 모여, 하딩 아이스필드Harding Icefield와 함께 케나이Kenai 반도를 공유하는 거대한 숲을 전방에서 호위한다. 늪을 지나자 홍연어의 산란장으로 안내하는 오솔길이 등장한다. 산란기가 되어 몸이 변형된 붉은 연어들은 지친 몸을 이끌고 예부터 전해진 숭고한 의식을 치른다. 연안에는 오리나무와 자작나무, 사시나무가 빼곡히 들어차 있다. 축축한 숲의 깊은 어둠 속에 좁은 길이 자취를 감췄다. 숲 가장자리에는 연안을 강타한 거센 겨울 폭풍으로 캐나다솔송나무와 가문비나무가 홍역을 치른 흔적이 보인다.

이끼로 된 수의를 입고 누워있는 거대한 침엽수들은 죽음을 연상시킨다. 쓰러진 나무의 측면에 난 상처에서 썩은 내가 올라온다. 이렇듯 부패는 생명을 내뿜는 창구다. 죽음이 삶을 낳는다는 사실을 나는 알고 있다. 기다란 나무 밑동이 꺾인 자리에 우글거리는 수많은 미생물들은 죽은 유기물을 에너지 흐름의 일부로 전환시킨다. 탄소 원자들은 새로운 여정을 시작한다. 나뭇잎은 공기 중의 이산화탄소를 흡수해 당을 만들었고, 당은 굶주린 가지와 뿌리 곳곳으로 흐르며 나무의 눈부신 생장을 도모했다. 긴 사슬 형태의 셀룰로오스와 리그닌도 만들어졌다. 이렇게 목질을 생성한 후부터 거대한 나무는 거침없는 키자람을 시도했다. 목질이라는 굴레에 갇힌 채, 몇백 년 동안 구름을 공략하며 솟아올랐고 컴컴한 지구와 찬란한 하늘을 잇는 가교가 되었다. 이제 커다란 몸뚱이를 축축한 땅 위에 뉘인 채 꼼짝할 수 없는 고목은 다시 태어나는 중이다. 셀룰로오스와 리그닌은 조각나고 분해되며 소비되고, 이들의 원자는 다른 몸으로 흘러 들어간다. 이것이 바로 숲의 연금술사, 분해자의 환상적인 변신술이다.

거대한 그루터기 위, 고사리류와 이끼가 넘실대는 곳에서 분해자 중 하나가 슬그머니 고개를 든다. 바로 선명한 붉은빛의 덕다리버섯*Laetiporus sulphureus*이다. 그루터기에 물결처럼 주름진 갓 여러 개가 켜켜이 쌓여 부채처럼 활짝 펴져 있기 때문에 눈에 잘 띈다. 오렌지 빛깔로 넓게 펼쳐진 갓은 50센티미터가 넘어 어두운 나무 밑을 밝혀주는 등처럼 보이기도 한다. 덕다리버섯을 받치고 있던 줄기는 심하게 삭았다. 나무를 나무답게 보이게 했던 조직들도 이제 수많은 조각으로 갈라져 '갈색 부후'의 상흔을 보여준다. 촘촘한 균사체 조직은 그루터기 전체를 덮고 깊숙한 곳에서부터 분해를 시작해 10여 킬로그램에 달하는 융기를 세상 밖으로 밀어낸다. 덕다리버섯은 리그닌은 건드리지 않은 채 셀룰로오스의 미세 섬유를 소비한다. 소화시키기 힘든 폴리페놀 성분을 분해할 능력을 갖추지 못했기 때문이다. 그러나 버섯은 리그닌의 틈을 벌려

길을 개척한다는 사실에 만족한다. 저항 메커니즘을 모조리 잃어버린 나무를 손가락으로 누르면 갈색 가루로 된 덩어리가 된다. 덕다리버섯은 목재 부후균으로 지칭되는 '나무 포식자' 공동체의 일원이다. 분해균 무리는 해무와 풍부한 강수량에 노출된 이 숲에 모여 산다. 나의 시선이 닿는 곳마다 분해자 10여 개가 군집해 있는 모습이 눈에 들어온다. 나무에 매달린 선반처럼 소나무잔나비버섯과 송편버섯은 땅과 얽힌 수많은 나무의 밑동을 장식한다. 호리호리한 갈색먹물버섯 뭉치들이 썩은 나무 밑동에서 올라오고 애주름버섯은 죽은 가지들로 만찬을 벌인다. 변형술잔녹청균의 청록색 옷을 입은 나무 조각들이 부엽토 위에 잔뜩 널려 있다.

힘없이 쓰러져 있는 나무도 미생물 집단에게 양분을 공급하는 유기물의 원천일까? 균류와 곤충, 새들은 차례대로 식물의 사체를 야금야금 갉아먹는다. 이 활동적이고 다양한 형태의 공동체는 유기물을 재생시키고, 탄소와 질소, 인과 같은 영양소의 생물지화학적 순환을 위해 이를 사용 가능한 형태로 변환시킨다. 따라서 죽은 나무는 생명으로 가득 찬 하나의 서식지라고 할 수 있다. 그루터기가 썩어가는 동안에도 수많은 균류와 곤충이 끊임없이 이곳을 드나든다. 이들은 고사목의 50퍼센트 이상을 차지하는 탄소를 소비하기 위해 대립한다. 리그닌과 셀룰로오스에 갇혀 있는 탄소는 조금씩 분해되어 수많은 부산물을 만들어내는데 이들의 변형과 축소, 무기물화 또는 산화에는 엄청나게 다양한 효소가 필요하다. 이 소화 효소는 주로 고사목에 서식하는 균류에 의해 분비되는데 산림 전문가들은 이들을 '백색 부후균' 또는 '갈색 부후균'이라고 부른다. 소수의 미생물만이 리그닌과 셀룰로오스를 효과적으로 분해할 수 있고 이렇게 변환된 단순 화합물은 장차 세포의 연료로 사용된다.

알래스카 숲의 백 년 된 솔송나무의 거대한 몸통을 분해하려면 수십 년이 걸린다. 이 긴 시간 동안 나무는 균류와 박테리아를 포함해 목식성 곤충과 무척추동물 등 수많은 공동체들에게 터를 제공한다. 노래기, 집게벌레, 노린재, 나무좀, 흰개미와 같은 곤충 부대와 단백질 덩어리인 이들의 유충은 썩어가는 잔해를 헤집고 구멍을 파내어, 고사목을 거의 독차지하며 영양분을 마음껏 섭취한다. 이 효율적이면서 상호 의존적인 공동체들은 뜻밖의 행운을 즐기며 고사목과 그루터기가 구성하는 유기 원천을 통째로 탐식한다. 프랑스 산림에서 발견되는 생물다양성의 25퍼센트가 바로 이 죽은 나무에서 발견된다고 한다. 스칸디나비아 이북 산림 지대에서는 2천 5백 종이 넘는 균류가 고사목에 서식할 정도로 죽은 나무는 다양한 미생물을 품고 있다. 땅에서 썩어가는 나무 한 줄기에는 50여 종의 균류가 서식한다. 독일 바이에른 산림국립공원에서 최근 실시된 연구에 따르면, 땅에 쓰러진 나무줄기와 가지에서 자낭균류 116종과 담자균류 175종이 발견되었다고 한다. 이들의 수는 나무가 분해되는 시간이 늘어날수록, 즉 해가 갈수록 증가한다.

나무가 땅으로 쓰러진 후 처음으로 만찬을 시작하는 미생물은 수십여 종의 내생균들이다. 내생균은 나무줄기와 가지의 조직 내에서 공존하는 균을 일컫는다. 식물의 면역 방어 체계가 세포의 죽음과 함께 자취를 감추자 잎이나 도관에서 잠자고 있던 내생균들은 삶의 터전이었던 조직들을 파괴하기 시작한다. 운이 좋은 내생균은 식민지 개척자들 중에서도 우위를 선점하며 분해 작용을 통해 다른 균류를 위한 터를 닦는다. 이미 식탁에 앉은 내생균은 차려진 음식 중 가장 맛있는 것들을 허겁지겁 먹는다. 나무줄기와 가지의 살아있는 조직과 잎, 뿌리를 구성하는 당이나 아미노산, 단백질 같은 성분들을 흡수하는 것이다. 다음에는 갈색 부후균과 백색 부후균의 포자나 썩은 것을 먹고 사는 다른 미생물들이 떼를 지어 들이닥친다. 이들은 쓰러진 나무의 거대한 사체 위를 빙빙 돌며 식물의 살을 차지하기 위해 살벌한 쟁탈전을 벌인다. 다행히도 균류의 포자는 콘도르condor나 벌쳐vulture, 우루부urubu와 같은 독수리들처럼 떼로 몰려와 날카로운 울음소리를 내지는 않는다. 여기에 균류의 포자까지 합세했다면 오래된 산림보호구역을 산책하는 일이 무척이나 괴로웠을 것이다. 변화로 요동치는 몸뚱이들 아래 흙 속은 분해자들의 균사 조직으로 가득 차 있다. 오래된 그루터기에서 고사목에 이르기까지 끊임없이 썩은 양분을 찾아 헤매는 균사는 자제하는 모습을 보이다가도 이내 먹이를 향해 맹렬히 달려든다. 수십 년을 땅에 쓰러져 있는 독일가문비나무에는 나무를 먹고사는 미생물들의 방문이 줄을 잇는데, 이들은 죽은 몸뚱이가 완전히 가루가 될 때까지 나무를 찾아온다. 시적으로 들리는 이름과는 다르게, 둥근돌기고약버섯*Hyphodontia alutaria*과 소나무잔나비버섯*Fomitopsis pinicola*은 가공할 만한 위력으로 부패를 일으킨다. 이들은 갓 쓰러진 나무에서 양분을 취할 만큼 엄청난 파괴력을 자랑한다. 의심할 나위 없이, 죽은 나무는 무시무시한 전투장이다. 종들 간에 치열한 경쟁이 펼쳐진다. 고사목의 단면 수십 군데가 색색깔로 얼룩진 것은 나무를 공격하는 균류의 서식지가 제각기 다르기 때문이다. 썩어가는 나무 안에서 이들의 색소가 얼룩을 형성하고 그 경계는 검은 띠로 표시되는데, 이를 괴사라고 한다. 이곳이 바로 전초지로, 영토를 차지하기 위해 치열하게 싸운 여러 균류의 균사들이 임종을 목전에 두거나 장렬히 전사한 자리다.

고사목에 서식하는 다양한 균류 공동체와 이들 다음으로 고사목을 찾아오는 분해균들은 숙주 식물의 속성(활엽수 또는 수지류 수목)과 죽은 목재 조각의 크기, 밀도와 습도, 또는 온도와 소기후local climate 등에 크게 영향을 받는다. 그래서 백색 부패를 일으키는 아밀로스테레움 카일레티*Amylostereum chailletii*의 자실체로 생기는 껍데기는 나무 그늘에 쓰러진 침엽수에서만 발견된다. 반면, 코니오카이타 풀베라케아*Coniochaeta pulveracea*는 양지바른 곳에 있는 너도밤나무나 전나무 조각의 96퍼센트를 점유한다. 이 균류의 작고 단단한 검은색 자실체가 산불을 견딘다는 말을 들어도 그다지 놀랍지 않다. 가을마다 숲을 산책할 때면, 죽은 가지들 더미에서 무성하게 피어난 버섯을 보고 깜짝 놀라곤 한다. 불쾌감을 주는 외형의 나무 껍질 아래에 균사가 여러 갈래로 뻗어나간 후, 자실체는 비로소 모습을 드러낸다. 꽃구름버섯, 치마버섯, 끈적긴뿌리버섯, 줄버섯, 아교버섯은 쇠퇴해가는 소우주에서 서로 충돌한다. 나는 유혹하듯 화려한 색으로 차려입은 이 '사토장이들'의 사진을 수백 장쯤 소장하고 있다. 그중 가장 재밌는 것은 꽃구름버섯이 아름다운 금빛 입을 가진 황목이*Tremella aurantia*에게 서서히 먹히는 사진이다. 말랑거리는 젤라틴 재질로 된 황목이는 죽은 가지 위에서 가볍게 떨리는 동물의 골을 연상시킨다. 황목이는 꽃구름버섯에 기생하고 꽃구름버섯은 너도밤나무를 분해한다. 이렇게 생명을 구성하는 요소인 탄소는 한 생물체에서 다른 생물체로 순환한다.

시민 참여로 완성된 어느 훌륭한 과학 프로젝트에서 아마추어 미생물학자 4백 명은 덴마크 자연사박물관과의 협업의 일환으로, 2009년에서 2013년까지 나무에 서식하는 버섯 11만 개를 채취했다. 덴마크 산림 지대 전역에서 채취한 버섯 중 1천 개가 넘는 균류의 정체가 파악되었다. 연구진은 종의 다양성이 목재의 속성, 조각의 양과 크기, 흙 속에 머물렀던 시간에 의해 결정된다는 결론을 내렸고, 이로써 이보다 좁은 면적에서 실시되었던 연구가 틀리지 않았음을 입증했다. 세계 각국에서 실시된 여러 연구에서 관리되지 않은 오래된 숲에서 분해균의 다양성이 유독 높게 나타나는 공통점을 보였다. 사람의 손을 타지 않은 숲에는 다양한 종류의 나무와 고사목이 있고 이들의 수령과 크기도 천차만별이기 때문에 마치 모자이크처럼 여러 서식지를 짜 맞춘 모양을 하고 있다. 그렇기 때문에 수십 년 동안 서식지를 보전해야만 자실체를 낼 수 있는 희귀종들이 이곳에서 모습을 드러낸다. 뛰어난 생물다양성을 보전하자는 취지에서 점점 더 많은 지역이 자연보호구역과 유럽연합의 생태 보호구역인 '나투라 2000(Natura 2000)'으로 지정되며 사람의 손길이 닿지 않은 환경을 되찾고자 노력하고 있다. 그러나 이러한 시도에도 불구하고 아주 오래된 '야생' 산림 지대는 엄청난 위험에 처해 있으며 급속도로 사라지고 있다. 유럽에 남은 마지막 원시림은 폴란드의 비아워비에자Białowieża 산림 지대의 중심 지역으로 국한된다. 스칸디나비아 반도 이북의 산림 지대도 오랫동안 사람의 발길이 닿지 않았지만 근래에는 대규모로 벌채가 이루어지고 있다. 미국에서는 오레곤 연안에 있는 오래된 전나무숲의 90퍼센트가 백 년도 채 안 되는 기간 동안 벌목되었는데 오래된 나무가 사라지면 외생균근과 분해균도 함께 자취를 감춘다. 그래서 무려 1백 킬로그램이 넘는 거대한 자실체들을 자랑하는 구멍장이버섯의 일종인 브리드게오포루스 노빌리시무스*Bridgeoporus nobilissimus*를 이제 찾아보기가 아주 힘들다. 고사목을 분해하는 일은 목재라는 만만치 않는 기질에 최적화된 효소를 지닌 부후균들이 독점한다. 이들 공동체는 분해에 특화된 수백여 개의 균류로 이루어져 있다. 이들은 끊임없이 경쟁하고 변화무쌍한 리그닌 환경의 화학에 적응한다. 하지만 개척 정신이 투철한 이들도 자신들보다 더 호전적인 균류가 나타나면 재빨리 자리를 내준다. 구멍장이버섯목에 속하는 말굽버섯*Fomes fomentarius*과 불로초, 송편버섯은 죽은 나무에 서식하는 균류 중 거의 90퍼센트를 차지할 만큼 비중이 높은데, 특히 활엽낙엽수에서 두드러지게 발견된다. 이들은 고사목 안에 분해에 특화된 효소 수십 개를 분비시켜, 끝에서부터 섬유를 절단하거나 사슬 중간을 자르는 방식으로 분자 가위를 이용해 셀룰로오스를 재단하고 자르며 찌른다. 빙빙 도는 왈츠를 추듯, 셀룰로오스 조각들과 소화로 생성된 과당류가 가위질을 당하고 결국 분해 사슬의 최종 산물인 포도당이 만들어진다. 성취감에 취한 균사는 그 수를 늘리며 썩은 나무의 깊은 곳까지 침투한다. 균사는 영양이 듬뿍 담긴 숲을 유유히 헤엄치지만 여기에는 리그닌을 분해할 때 분비되는 치명적인 독이 감춰져 있다. 이에 대한 반격으로 균사는 해독 효소를 분비시켜 중독으로부터 자신을 보호한다. 백색 부후균에게 제 몸을 내어주고 분해당한 나무는 질량과 안정성을 잃고 결국 하얗게 변해버린다. 목재는 작은 섬유로 분해되고 갈색의 리그닌이 사라지면서 아주 밝은 색깔을 띤다. 그러나 목재는 마지막 단계까지 섬유질 구조를 유지시킨다. 하지만 이내 곤충이 찾아와 여러 군데에 터널을 뚫어 섬유마저도 갈기갈기 물어뜯는다. 사전에 협의한 계획에 따라 갈색 부후균과 백색 부후균은 죽은 목재를 구성하는 리그닌과 셀룰로오스를 동시에 분해한다. 분해로 인한 잔해를 생성하고 목재 내부에 거대한 균사 조직을 형성하는 균류는 탄소를 공급받을 뿐 아니라 단백질과 세포벽 생성에 필요한 질소를 취하기도 한다. 1킬로그램이 넘는 구멍장이버섯은 해마다 목재 14킬로그램을 분해해야만 자실체와 수많은 포자를 생성할 수 있고, 이를 통해 자신의 유전 형질을 후대에게 남길 수 있다. 목재의 유기 질소는 무기화되어 무기 질소 공급원을 형성하고 나무가 이것을 빨아들여 양분으로 이용한다. 목재를 식물이 흡수가능한 부식토로 변환시키는 분해균의 은밀한 활동은 숲 생태계의 균형 사슬에서 반드시 필요한 연결고리다. 이 미세한 존재들이 없었다면, 지구는 식물 잔해로 넘쳐 났을 것이고 식물의 생장에 필요한 여러 무기물들은 부족했을 것이다.

그러나 균류는 목재를 분해하는 것에 만족하지 않는다. 이들은 땅에 떨어진 낙엽을 먹고 죽은 나뭇가지나 잔가지들, 심지어 동물의 사체와 같이 바닥에 쌓이는 숲의 잔해들을 분해한다. 가을이 되면 다 자란 나무에서는 셀 수 없을 정도로 많은 양의 낙엽이 떨어진다. 나무 밑동 주위에 축적된 낙엽은 몇 주가 지나 1헥타르당 3~5톤에 달하는 신선한 부엽토를 형성한다. 그러면 달팽이, 괄태충, 지렁이와 같은 아주 작은 동물들이 찾아와 조화롭지 않은 행렬을 이루며 바닥을 덮고 있는 낙엽을 갉아먹는다. 그 다음에는 진드기와 노래기가 등장해 잎맥만을 잔존하게 내버려둔 채 조직을 야금야금 먹는다. 잎맥이 소화를 거쳐 동글동글한 덩어리로 배출되면 지렁이가 냉큼 이것을 먹는다. 지렁이는 그 곳을 떠나지만 중간 중간 배설물을 방출해 흔적을 남긴다. 낙엽의 분해는 분해균과 박테리아의 활동이 용이한 잎의 잔해와 토양 입자가 만나는 부분에서 크게 활성화된다. 낙엽을 먹는 균류 중 버터붉은애기버섯 _Rhodocollybia butyracea_과 장밋빛 애주름버섯인 미케나 로제아_Mycena rosea_, 그리고 마늘향이 나는 마늘버섯_Mycetinis alliaceus_은 낙엽 더미 속에서 제법 눈에 잘 띈다. 이파리 한 장으로는 먹성 좋은 이들의 배를 채우기에 턱없이 부족하다. 그래서 이들은 부패 중인 굵은 가지와 잔가지, 뿌리로 푸짐한 한 상을 차려 먹는다. 지난 가을, 운 좋게도 샹프누_Champenoux_ 숲의 너도밤나무가 벌채된 터에서 지름이 10미터가 넘는 깔때기버섯_Clitocybe nebularis_의 균륜을 발견했다. 이 균륜은 땅속 균사체가 만들어낸 수백 개의 자실체로 이루어져 있었다. 균사체는 필시 주위에 있는 식물성 물질을 모조리 먹어치운 끝에 이 신기한 형상을 만들었을 것이다. 나는 장관을 이루는 균류 가운데에 앉아 기념사진을 찍었다. 그곳에 있으니 낙엽 더미 밑, 저 아래에서 끊임없이 꿈틀대며 먹이를 갈망하는 균사의 움직임이 느껴지는 듯했다. 쉬지 않고 식물의 잔해를 먹어치운 균사는 자실체를 땅 위로 올려 보내고, 자실체는 수십억 개의 포자를 산들바람에 날려 보낸 후 덧없는 생애를 마감한다.

식물의 잔해를 먹고 사는 버섯들 중에 탁월한 풍미를 자랑하는 것들도 있다. 해마다 나는 아들과 함께 집에서 아주 가까운 곳에 위치한 오래된 참나무숲을 찾는다. 오솔길을 걷다보면 파라솔처럼 펼쳐진 갓이 인상적인 큰갓버섯아재비*Macrolepiota rhacodes*의 무리를 발견하기도 한다. 헤이즐럿 향이 나는 단단한 버섯을 오븐에 익힌 후 크림을 약간 곁들이기만 하면 풍미가 그만이다. 첫 서리가 내리기 전, 참나무 아래에서 민자주방망이버섯*Lepista nuda*을 따는 것 역시 큰 기쁨이다. 은은한 아니스 향과 함께 과일 향이 나는 이 송이버섯과 버섯은 늦가을, 버섯 프리카세를 만들어 먹기에 안성맞춤이다.

식물의 잔해와 동물의 사체, 진흙 입자가 한데 엉켜 부식질 점토로 된 복합체를 형성하고, 나무를 비롯한 식물, 그리고 미생물에게 풍부한 양분의 원천을 제공한다. 분해균은 해마다 지구에서 존재하는 4조 톤의 리그닌을 분해한다. 이렇게 탄생한 화학적 분해의 산물은 부식토에 섞이거나 부식토에 서식하는 수없이 많은 유기체와 뿌리의 지층으로 사용된다. 쉽게 비유하자면 분해의 산물은 '토양의 허브티'인 셈이다. 이 차는 쉽게 녹는 유기물 용액으로 주로 아미노산과 당, 페놀 복합물, 무기양분, 그리고 점토로 구성되어 있다. 나무의 생장과 숲의 균형에 없어서는 안 되는 양분의 원천인 것이다. 이렇게 생산된 유기물은 토양의 기능을 향상시킨다. 배수성이나 보수성, 통기성, 지력 같은 토양의 물리적 속성을 개선시키기 때문이다. 게다가 유기물은 어마어마한 양의 탄소를 가두고 있다.

균류의 분해 작용 덕분에, 뾰족한 전나무 잎 하나가 분해되려면 10년이 걸리고 너도밤나무의 이파리는 3~4년이면 충분하다. 아마존 밀림에서는 사정이 좀 다르다. 기온이 높고 습기를 가득 머금은 아마존의 숲에서는 단 몇 달 만에 분해의 과정이 끝난다. 따라서 분해자 균류의 활동도 엄청난 가속도가 붙는다. 프랑스령 기아나Guyane 시나마리Sinnamary 인근의 열대 우림 중심에 자리한 파라쿠Paracou 생태 스테이션을 방문했을 때가 생각난다. 흙 위에 쌓여 있던 부엽토는 개미 부대에게 잘게 찢기거나 1천 종이 넘는 균류에게 분해당해 거의 사라진 상태였다. 습기로 가득 찬 이 숲에 서식하는 균류의 80퍼센트가 과科와 속屬 단위로만 분류되었을 뿐 그 이상은 밝혀지지 않은 생물들이다.

　균류가 진두지휘하는 분해의 생태학이 육상 환경을 조각했고 해양 환경까지도 바꾸어 놓았으리라 추측한다. 이는 분명 목재 부후균이 우리에게 제공하는 이로운 효과 중 하나이다. 그러나 목재를 부식시키는 이들의 효율성은 때로는 부작용을 낳기도 한다. 일부 균류는 인간이 만들어낸 생태계에 완벽하게 적응하면서 우리 사회에 막대한 피해를 일으키고 있다. 시궁쥐나 독일바퀴는 알겠지만 녹슨버짐버섯*Serpula lacrymans*이나 버짐버섯속에 속하는 실버섯 *Coniophora puteana*을 들어본 적이 있는가? 처음 들었기를 바란다. 그도 그럴 것이, 이 균들은 가공할 만한 위력을 지닌 목재 파괴자이기 때문이다. 이들은 숲이라는 본래의 서식지를 떠나 배와 집, 성을 점령했다. 이 중 '집의 나병균'이라고 불리는 녹슨버짐버섯에 대한 이야기를 꼭 들려주고 싶다. 녹슨버짐버섯은 오래된 집 안에 침투해 나무로 된 골조와 내장재, 계단을 초토화시키며 갈색 부패를 일으킨다. 지름이 2센티미터나 되는 균사끈 덕분에 빠른 속도로 생장하고 효과적으로 수분과 양분을 수송하는 능력이 있어, 습하고 통풍이 잘 안 되는 집안 구석구석을 파고든다. 할머니에게 물려받은 고풍스러운 집이 한 순간에 불결한 공간이 될 수도 있는 것이다. 주방의 나무판 밑이나 침실 벽에 엄청난 양의 균이 득실거리는 것을 보고 싶은 사람은 없다. 프랑스 서부 지역에서 녹슨버짐버섯으로 피해를 입은 주택의 수가 계속 증가하고 있으며, 전체 코뮌*의 50퍼센트가 이 버섯의 공격을 받은 것으로 집계됐다.

노르웨이 오슬로대학의 연구진이 발표한 '추운 나라에서 온 버섯'이라는 제목의 논문은 존 르 카레John le Carré의 첩보소설을 패러디한 것인데, 실제로 소설만큼이나 흥미진진한 내용을 담고 있다. 연구진은 유전체 분석을 기반으로 갈색 부패를 일으키는 분해균의 역사를 추적했다. 녹슨버짐버섯은 두 종류로 나뉘는데, 바로 라크리만스 계열Serpula lacrymans lacrymans과 샤스텐시스 계열Serpula lacrymans shastensis이다. 이들의 공통 조상은 지금으로부터 3천만 년 전, 에오세 말기에 북아메리카 지역에 자생하는 침엽수의 목재를 갉아먹으며 살았다. 이 두 계통은 2천 1백만 년 후인 중신세에 분화되었다. 라크리만스 계열은 베링 육교**를 포함하는 거대한 북쪽의 숲을 누볐고, 베링 육교를 통해 아시아로 넘어와 아시아 일대를 비롯한 히말라야 고원에 정착했다. 이 계열은 해발 2천 미터가 넘는 히말라야 고원에서 아주 오래된 전나무인 아비에스 핀드로우Abies pindrow를 점령했다. 사촌격인 샤스텐시스 계열은 북아메리카에 적응했고 아메리카 대륙 서부 캐스케이드Cascade산맥의 샤스타Shasta산에서 붉은 전나무인 아비에스 마그니피카Abies magnifica의 밑동과 조우했다. 이들은 고산 지대의 척박한 환경과 제한된 자원에 놀라울 정도로 잘 적응했다. 미지의 경로를 통해 히말리야에 서식하던 일부 개체가 고원을 벗어나는 데 성공했다. 저지대로 내려온 이들은 인도와 교역 중인 유럽 선박의 목재를 감염시키기 시작했고, 그 결과 유럽의 항구를 점령하기에 이르렀다. 이 균은 불과 몇 세기 만에 유럽의 도시와 마을로 퍼져나갔고 목재에 실려 북아메리카까지 진출하게 되었다. 이러한 여정은 아메리카 대륙으로 떠났던 스피드웰Speedwell호와 메이플라워Mayflower호가 녹슨버짐버섯 때문에 선박이 파손되자 영국의 플리머스Plymouth 항구로 되돌아왔다는 기록과 연관이 있다. 숲에서 발견되는 경우가 극히 드문 녹슨버짐버섯은 도시인의 풍모를 지니고 있다. 이들은 독일가문비나무의 목재처럼 양분이 풍부하고 습도가 높으며, 다른 부후균과 경쟁할 필요가 없는 지하실 같은 이상적인 장소를 선호한다. 아주 두꺼운 균사끈으로 다량의 수분과 당, 아미노산을 이곳저곳으로 수송할 수 있는 능력 덕분에, 마치 공간 이동을 하듯 지하실과 지하실을 옮겨 다닌다.

이러한 현상의 심각성을 고려해보면 목재 부후균의 독특한 속성이 어디에서 기원했는지 자문하게 된다. 언제 이들은 리그닌

---

*   commune, 프랑스의 최소 행정구역-옮긴이

**   알래스카와 시베리아 동부를 여러 차례 연결하며 다리로 쓰였던 육지. 오늘날, 육지 사이에 긴 좁은 바다가 되었고, 아시아대륙과 북아메리카 대륙을 갈라놓는 이 수역을 베링 해협이라고 부른다.

과 셀룰로오스를 분해하는 하나 또는 다수의 효소를 만들었을까? 캄브리아기에 바다에 살던 균류에게 과연 해양 식물을 분해하는 능력이 있었을까? 수많은 궁금증이 꼬리에 꼬리를 문다.

10년 전에 미생물학자와 분류학자, 유전학자 등 세계 각지의 균류 전문가 10여 명이 이 같은 수수께끼를 풀고자 의기투합했다. 우리는 계통발생학적 · 기능적 · 생태학적 다양성에 기초해 목재 부후균 30여 종을 선별했다. 구름송편버섯Trametes versicolor과 조개버섯속에 속하는 작은조개버섯Gloeophyllum trabeum, 버짐버섯속에 속하는 실버섯Coniophora puteana, 줄버섯Bjerkandera adusta, 영지Ganoderma lucidum, 목이Auricularia auricula-judae, 꽃구름버섯Stereum hirsutum 등 목재 부후균을 대표하는 버섯들이 후보에 올랐다. 우리는 유전자 분석을 통해 부후균의 생태학적 비밀을 규명하고자 했다. 무엇보다도 셀룰로오스와 리그닌 분해 효소를 암호화하는 유전자가 무엇인지 밝혀내는 것이 목표였다. 미국 에너지부 산하 게놈 연구소에서 4년간 유전체 30여 개의 염기서열을 해독하고 분석한 결과, 드디어 갈색 부패와 백색 부패를 일으키는 목재 부후균의 진화 시나리오를 작성할 수 있었다.

이야기는 바야흐로 2억 9천만 년 전, 석탄기 말기로 거슬러 올라간다. 아주 먼 옛날에는 그 어떤 생물도 최초의 나무가 생성해낸 목질을 변질시킬 수 없었다. 앞서 언급하기도 했지만 이 시기에 숲은 목질화가 상당히 진행된 원시목과 거대한 고사리류와 속새, 최초의 겉씨식물들이 숲을 이루며 광활한 대지를 차지하고 있었다. 이 드넓은 숲이 수명을 다해 화석이 됨으로써, 인류가 오늘날까지도 사용하고 있는 석탄의 보고가 만들어졌다. 셀룰로오스 섬유를 지켜주는 리그닌 보호막을 분해할 만한 균류가 부재한 까닭에 고사목이 쉽게 축적될 수 있었다.

그러던 어느 날, 균류 무리에서 흡사 오늘날의 목이버섯처럼 생긴 돌연변이가 등장했다. 셀룰로오스 분해에 필요한 셀룰라아제를 이미 갖고 있었던 이 조상종은 이번에는 리그닌을 분해할 수 있는 효소를 만들었다. 불가능을 가능케 하는 무기를 탑재한 것이다. 페록시다아제의 배열에서 단 하나의 변이가 발생하면서 엄청난 능력을 갖게 되었다. 이러한 혁신이 이끈 산화 반응을 설명하며 여러분을 괴롭힐 생각은 없지만, 이 같은 변화가 끊임없이 새로워지는 자연의 창의력을 방증한다는 사실은 말하고 싶다. 어느 날 갑자기 지구에 새로운 분자가 나타난다면, 뛰어난 적응력을 가진 돌연변이가 탄생해 이 분자를 분해하며 양분을 취할 것이다.

분자시계 알고리즘의 마법으로 모든 조각이 재구성된 이 원시종은 백색 부후의 원인균을 대표하는 최초의 균류였다. 리그닌을 분해할 수 있게 되자 이 원시종은 마르지 않는 양분의 원천을 갖게 되었다. 이처럼 양분을 독점하는 것은 분명한 장점으로 작용했고 그 결과 엄청난 수의 후손을 남길 수 있었다. 백색 부후균의 계통은 점점 늘어났고, 일부 균은 리그닌 페록시다아제를 26개나 보유하기도 했다. 엄청난 효율성을 지닌 부후균들은 빠른 속도로 목재를 부식토로 변환시키면서 산림의 탄소 순환에 매우 중요한 변화를 일으켰다. 이 굉장한 생물학적 혁신은 세상의 모습을 바꾸어놓았다. 놀랍도록 효율적인 방식으로 고사목을 분해하는 균류와 그들의 자손은 갈탄과 역청탄 생성의 원천으로 작용했던 리그닌의 축적을 막았다. 리그닌이 분해되지 않으면 목재 유기물은 화석화로 인해 석탄으로 변한다.

부후균이 목재 분해에 사용하는 대량의 효소는 리그노셀룰로오스로부터 바이오에탄올을 생산하는 산업에 새로운 지평을 열었다. 오늘날 바이오매스로부터 바이오연료를 얻고자 고군분투 중인 신재생 에너지 산업에 수억 년 전의 경험이 하나의 지표가 될지도 모른다.

유기물을 순환시키는 근본적인 역할 이외에도 목재 부후균은 수천 년 전부터 원시 부족이 사용했을 정도로 쓰임이 많았던 균류다. 민족균류학적 시각에서 상세히 언급하기엔 지면이 부족하지만 이와 관련된 인상적인 에피소드 두 가지를 들려주고 싶다. 1991년, 오스트리아와 이탈리아 국경에 있는 시밀라운Similaun 빙하를 트레킹하던 사람들은 해발 3천 3백 미터에서 얼음 속에 갇혀 있는 시체 한 구를 발견했다. 그는 5천 년이 넘는 시간 동안 얼음 속에서 산 청동기 시대인으로 밝혀졌고, 이름은 외치Ötzi라고 명명되었다. 이날 이후, 외치는 수많은 연구와 분석의 대상이 되었다. 그가 옆구리에 맸던 가방에서는 선모충을 없애는 구충제로 사용했던 자작나무버섯*Piptoporus betulinus*이 가죽 끈에 끼워진 상태로 발견되었고, 이와 함께 작은 주머니에는 말굽버섯과 부싯돌, 황철석 조각 같이 불을 피우는 데 필요한 것들이 담겨 있었다. 말굽버섯은 구멍장이버섯과의 일종으로, 채취한 뒤 말리면 부싯깃으로 쓸 수 있어 선사 시대 때부터 불을 피우는 데 사용해온 버섯이다. 그런데 이 버섯은 백색 부후를 일으키는 목재 부후균의 한 종류이기도 하다. 수십 센티미터에 달하는 갓은 매우 질기고 고사목이나 병든 나무에 달려서 돋아난다. 갓의 딱딱한 각피 아래에 있는 살은 식용이 가능한데 우리 조상들은 이 부분을 부싯깃으로 사용했다.

그런데 구멍장이버섯류가 샤머니즘적 의식에서 원시 부족이 쓰는 가면으로 사용된 사실은 거의 알려지지 않았다. 몇 해 전, 파리의 케 브랑리 박물관Musée du Quai Branly에서 열린 마크 프티Marc Petit의 '정면에서 직시하기-네팔의 원시 가면'이라는 훌륭한 컬렉션에 다녀온 적이 있다. 나는 이곳에서 거대한 구멍장이버섯으로 조각한 가면을 보고 강렬하면서도 기묘한 인상을 받았다. 전시된 가면들은 샤머니즘적 의식이나 축제에서 주술사가 썼던 것으로,

네팔에서 유구한 역사를 자랑하는 '은둔의 땅', 무스탕 왕국에서 가져왔다. 오래된 나무에서 아주 커다란 잔나비불로초와 말똥진흙버섯*Phellinus igniarius*, 소나무잔나비버섯을 채취해 작업한 결과물이었다. 겉껍질만 남기고 자실체의 속은 모두 도려낸 상태였는데 각피가 워낙 딱딱해서 눈과 입을 조각하는 일이 가능했을 것이다. 나는 바람과 태양의 흔적이 역력한 늙은 전사와 마주한 듯한 인상을 받았다. 북아메리카의 알곤킨족도 구멍장이버섯의 자실체를 잘라 종교 의식에서 가면으로 사용했다. 이들에게 구멍장이버섯은 아주 오래된 나무에 서식하는 강력한 혼령의 발현처럼 받아들여졌다. 어디 그뿐이겠는가? 위구르족의 첫 번째 왕도 나무 수액을 먹고 자란 버섯에서 태어났다고 하고, 시베리아의 퉁구스족은 죽은 자의 영혼이 버섯으로 환생해 벼락을 맞으면 지상으로 돌아온다고 믿는다. 또 시베리아 타이가 지역의 주술사들은 아주 오래된 낙엽송림에서 채취한 말굽잔나비버섯*Laricifomes officinalis*에 초능력이 있어서 결핵을 비롯한 수많은 병을 고칠 수 있다고 여긴다.

보이지 않는 혼령이자 탄소 변환의 거장이면서 생명 순환의 보증인이자 영혼의 안내자인 목재 부후균의 매력을 한두 가지로 함축하기는 힘들다. 그러나 분해균의 다른 부류도 우리의 관심을 받을 만한 자격이 충분히 있다. 주름버섯이나 먹물버섯, 밤버섯은 숲 둘레에 자리한 햇볕이 내리쬐는 초원과 들판에 피어난다. 비오

톱biotope은 인간과 동식물 같은 다양한 생물종의 공동 서식 장소를 의미하는데, 비오톱의 수가 점점 더 줄어드는 상황에서 이들 균류는 이 소생태계의 순환을 돕는 고마운 존재들이다.

11장 초원의 왕, 양송이버섯

최근 발행된 출판물에서 식용버섯 사진 밑에 독버섯이라고 표기하는 작은 실수가 발생했다. 거꾸로 독버섯 밑에 식용버섯이라고 쓴 경우도 있었는데, 살아남은 독자들이 알아서 수정하리라 믿는다.

피에르 데스프로주(Pierre Desproges)의 『서랍 속 유산』 중에서

2016년 10월, 프랑스 북동부 뫼르트에모젤Meurthe-et-Moselle의 작은 도시, 레메레빌Réméréville. 해마다 가을이 되면 나는 브장줄라그랑드Bezangela-Grande 국유림 경계에 있는 라 샤르밀La Charmille 골짜기 비탈의 여러 방목장을 찬찬히 살펴보며 걷는다. 이 풀밭들은 마을에 남아있는 마지막 방목장이다. 몇 년 전부터 송아지들이 뛰어

놀던 천연 방목장에 유채와 밀, 옥수수를 재배하는 대규모 밭이 들어서기 시작했다. 울타리와 아담한 숲이 어우러진 이 초록의 땅은 로렌 고원의 시골 마을에 독특한 매력을 풍기게 한다. 작가이면서 정치가인 모리스 바레스Maurice Barrès가 극찬하기도 한 방목장들이 사라지는 것을 보고 있자니 가슴이 아려온다. 관심 없는 이들에게는 그저 가축이 풀을 뜯어먹는 초원으로 비춰지겠지만, 실제로 이곳 방목장은 이웃한 숲과 마찬가지로 다양한 분해균과 균근균이 대거 서식하는 하나의 생태계다.

　골짜기 깊숙한 곳, 습도가 높아 영양가 높은 풀이 자생하기 좋은 개울가를 찾아 먹물버섯Coprinus comatus과 주름버섯Agaricus campestris, 흰주름버섯Agaricus arvensis을 기분 좋게 채취한다. 이 분해자 균류는 쇠똥 퇴비와 함께 가을 햇살에 달궈진, 질소가 풍부한 토양을 몹시 좋아한다. 이들 중 수천 개의 균류가 동물 수십억 마리의 배설물을 매일같이 분해한다는 사실을 안다면 적잖이 놀랄 것이다. 실제로 말똥에만 약 40여 개의 균류가 살고 있다! 땅속에 묻혀 있는 이들의 균사 조직이 셀룰로오스와 질소가 풍부한 쇠똥에 이끌려 분변 속에서 증식하고 자실체를 맺는다. 모든 동물의 배설물에는 저마다의 균류가 있다. 소나 코끼리의 배설물에 특화된 균류가 있는가 하면, 개나 노루의 분변에 매력을 느끼는 이들도 있고 어떤 균류는 말똥을 쫓아다닌다. 카이토미움 라야스타넨

세*Chaetomium rajasthanense*는 대범하게 호랑이에게 뛰어들어 배설물에서 증식하는 반면, 카이토미움 글로비스포룸*Chaetomium globisporum*은 쥐똥에 보금자리를 꾸린다. 이렇게 동물의 배설물을 좋아하는 균류를 '분생균'이라 부른다. 분생균의 튼튼한 포자는 온습도가 적절히 유지되는 환경에서 동물의 소화기관을 통과해야만 분변 속에서 발아하고 생장할 수 있다. 이러한 과정 끝에 수백 개의 자실체가 돋아나는데, 아주 작게 피어나기도 하는 버섯은 다시 주변의 풀밭으로 포자를 확산시킨다. 이렇게 풀에 달라붙은 포자를 초식 동물이 먹으면 먹물버섯과 주름버섯의 생애가 도돌이표를 그리게 된다. 쇠똥은 며칠 만에 완전히 분해되어 사라져버린다. 그런데 여기서 균류의 활약이 다시 시작된다. 이들의 분해 작용은 초원의 물질 순환에서 반드시 필요한 요건이자, 방목장 토양 내 양분 형성의 주요 원천으로 작용한다.

아스코볼루스 임메르수스*Ascobolus immersus*와 포도스포라 안세리나*Podospora anserina*처럼 몇몇 분생균들은 실험실 환경에서 배양하기 수월하여 균류의 유전학과 함께 번식을 연구하기에 탁월한 모델로 여겨진다. 그런데 분생균 중에는 향정신성 물질 애호가들에게 러브콜을 받는 것들도 있다. 예를 들어, 뉴기니섬과 멕시코의 다습한 아열대 산림 지대에서 자생하는 주사위환각버섯*Psilocybe cubensis*은 아마도 전 세계에서 가장 많이 소비되는 환각버섯일 것이다. 인위적으로 창조된 천국을 맛보고 싶다면 암스테르담의 스마트숍smartshop이나 인터넷 전문 사이트에서 프실로키베 멕시카나*Psilocybe Mexicana*와 같은 환각버섯을 구해야 할 것이다. 이 마법 같은 버섯에 함유된 주요 활성 물질은 프실로시빈psilocybin과 프실로신psilocine으로, 주술사들이 각각 '퇴비의 버섯신'이나 '신의 살'이라고 부르는 성분들이다. 프랑스 로렌의 초원에서는 좀말똥버섯*Panaeolus sphinctrinus*을 몰래 채취할 수 있다. 환각 효과는 미미하지만 불법 마약류로 분류되어 채취뿐 아니라 운반, 판매가 전면 금지된 버섯이다.

분변을 좋아하는 균 중에 남다른 운동 신경으로 유명해진 버섯이 있는데, 영국에서는 '로켓 버섯'이라고 부를 정도로 포자를 단번에 발사하는 능력을 자랑한다. 털곰팡이아문*Mucoromycotina*에 속하는 필로볼루스*Pilobolus*는 코끼리 같은 초식 동물의 변을 좋아한다. 이들은 초당 16미터에 가까운 속도로, 3만 개 이상의 포자를 담은 포자낭을 2.5미터까지 눈 깜짝할 사이에 날려 보낸다. 그런데 이 신기한 현상은 적절한 습도가 유지될 때 발생한다. 포자낭 아래, 빈 공간 속 물방울이 갑자기 터지면서 포자를 쏘아 올리기 때문이다. 이 물대포가 발사한 포자는 분변에서 멀리 떨어진 곳에 있는 풀에 붙는다. 그러면 그곳을 지나는 첫 번째 초식 동물이 이 풀을 먹고, 동물의 소화관으로 들어간 포자가 다시 분변으로 섞여 나오면 긴 여정이 끝이 난다. 다소 혐오스러운 변이라는 서식 환경은 실제로는 양분이 풍부해서 포자의 발아를 돕는다. 필로볼루스 말고도 포자를 쏘아 올리는 균들이 있지만, 효율성 측면에 있어 필로볼루스가 단연 독보적이다. 앞으로 산책길에 방목장을 지나게 된다면 당신이 피해 다니는 동물의 변 하나하나가 작은 생태계를 이루고, 이 생태계를 계승하는 분해균과 분식성 곤충 있다는 사실을 기억해주길 바란다. 이 생태계를 가장 먼저 점령하는 균은 필로볼루스와 같은 접합균류이고, 그 뒤를 주머니버섯속이나 포도스포라*Podospora* 같은 자낭균류가 따르고, 마지막엔 먹물버섯속과 환각버섯속과 같은 담자균류가 자리한다. 먹물버섯이 자실체를 형성하고 포자를 만들려면 균사가 열흘이 넘는 시간 동안 변을 먹어야 한다.

야생 버섯의 채취는 선사시대 때부터 시작된 아주 오래된 전통이다. 구석기시대, 수렵과 채집으로 생활하던 조상들은 이동을 하면서 풀과 과일, 열매, 버섯을 먹으며 양분을 취했고 몸을 치료하기도 했다. 이들은 필시, 매머드의 배설물에서 돋아난 버섯을 채취했을 것이다. 주술사는 험난한 생활을 하던 사람들의 갖은 부상을 치료하는 데 버섯을 사용했다. 이들은 강력한 지식의 소유자로 사람을 죽이거나 생명을 살릴 수도 있었다. 대부분 여자였던 주술사들은 미생물학과 식물학에 대한 폭넓은 지식을 보유하고 있었고, 이 같은 지식은 세대를 걸쳐 구전으로 전해져 내려왔다. 영적 의식에서 사용된 향정신성 버섯은 이들에게 영혼의 세계로 들어가는 관문을 열어주었고, 이로써 종교적 권력을 나누지 않는 지배를 획득했다. 오늘날에도 아메리카인디언과 시베리아, 잉카 사회, 중앙아메리카에 사는 부족들이 이러한 미생물학적 전통을 이어가고 있다. 하지만 중독이나 치명적 사고를 줄이기 위해 일부 의사결정권자들은 향정신성 버섯의 채취를 오래전부터 제한하고 있다.

끊임없이 관찰하고 실험을 되풀이한 끝에 인간은 분해자 균류 중 일부를 배양하는 데 성공했고, 그 결과 버섯을 확보하는 일이 수월해졌다. 균배양법은 아주 오래전 중국에서 탄생했다. 송나라(960~1127년) 때, 대륙을 돌던 오래된 주술 서적들에는 표고버섯 *Lentinula edodes* 배양법이 기술되어 있었고, 목재에 생육하는 다른 종들도 수 세기 동안 재배되었다. 중국인들에게 버섯은 '땅의 과일'로 지구의 본질적 근원인 정精과 구름의 습기가 만나 생겨난 것이다. 이러한 이유에서 한의학에서는 버섯의 효능을 입이 마르게 칭찬하고, 중국인들은 말린 버섯이나 생버섯을 국이나 밥, 차에 넣어서 매일같이 먹는다. 버섯 배양실의 스타는 과거에는 황제의 전유물이었으나 현재 연간 140만 톤을 생산하는 표고버섯과 박쥐나방 동충하초*Ophiocordyceps sinensis*와 목이다. 기원전 2천 8백 년경에 출간된 것으로 추측되는 중국 최초의 약물학 전문서적인 『신농본초경神农本草经』에서도 이 버섯들에 대한 언급을 살펴볼 수 있다. 식용버섯을 대량으로 생산하는 일이라면 항상 혁신의 선두를 달리는 중국은 근래에 곰보버섯을 대량으로 재배하는 데 성공했다.

반면, 기록에 따르면 유럽에서는 17세기가 되어서야 버섯 재배가 이뤄졌다고 한다. 최초로 배양에 성공한 버섯은 오늘날 수백 톤씩 소비되는 양송이버섯*Agaricus bisporus*이다. 얇게 저며 조리되기 전에, 양송이버섯은 말 두엄이 섞인 퇴비에서 자실체를 낸다. 학계에 보고된 균류 10만 종 중 약 1천 5백 종이 식용이나 전통 의학 약제로 쓰이고 있다. 그러나 산업적인 방법으로 생산되는 균류는 겨우 12종 정도에 불과하다. 모두 분해균으로 양송이버섯, 표고버섯, 느타리버섯, 풀버섯, 버들송이가 대표적이고 비슷한 생산 과정을 거친다. 유기물이나 목재가 분해되는 자연적 과정을 인위적으로 만들어내는 것이다. 엄청난 양의 균사체가 생산되어야 하고 퇴비와 짚, 또는 톱밥을 넣은 인공 배지를 준비한 다음, 종균을 접종시켜 균사 생장에 적절한 환경을 조성하면 수많은 자실체가 동시에 돋아난다.

하지만 내가 선호하는 방식은 가을에 야생 버섯을 직접 채취하는 것이다. 내가 사는 지역에는 그물버섯류와 뿔나팔버섯 같은 꾀꼬리버섯류, 주름버섯, 곰보버섯류, 트러플, 민달걀버섯이 자란다. 솔직히 털어놓자면 나에게는 어디로 가면 그물버섯을 한 아름 딸 수 있는지 표시해놓은 보물 지도가 있는데, 나만의 비밀 장소를 여기서 공개하고 싶지는 않다. 세상에 공짜는 없는 법! 혹시 꾀꼬리버섯의 자생지를 귀뜸해준다면 나도 그물버섯이 자라는 곳을 알려줄 의향이 있다. 버섯 생태학에 조예가 깊다면 버섯을 따는 일이 한층 더 즐거워진다. 나무와 숲을 며칠이고 걷다보면 이끼에 감춰진 꾀꼬리버섯이나 오솔길 옆 양치류 아래에서 위장 중인 그물버섯아재비를 발견하게 된다. 버섯에 정통한 가이드를 대동하고 수없이 많은 미생물 답사를 다니다보니, 뿔나팔버섯이 짧은 주기로 벌채되는 너도밤나무를 좋아하고, 그물버섯이 30년 넘은 독일가문비나무 숲에서 광대버섯과 함께 자주 발견되며, 민자주방망이버섯은 첫 서리가 내린 후 숲 변두리에서 모습을 드러낸다는 사실을 깨닫게 되었다. 물론 양손이 가벼운 채로 돌아온 날도 많았다. 버섯 자생지는 영원히 존속하지 않는다. 우리 집에서 10분도 채 걸리지 않는 아담한 너도밤나무 벌채림은 몇 분 만에 뿔나팔버섯을 한 아름 채취할 수 있는 나만의 '핫스팟'이었다. 10년이 넘게 드나들던 곳이었지만, 지난해 벌목공들이 나무를 대거 솎아내면서 목재 운반 차량이 땅을 엉망으로 만드는 바람에 땅속 미생물의 삶도 유명을 달리했다. 당연히 나의 거침없던 승전보도 그날로 끝이 났다.

나무와 야생 버섯은 전적으로 서로에게 의존하며, 기쁠 때나 슬플 때나 운명을 같이 한다. 목재 부후균과 균근균은 숙주 나무에게 문자 그대로 종속되어 있다. 독일가문비나무를 더글라스전나무로 대체했던 재조림 사업을 실시한 후에, 리무쟁Limousin과 모르방

Morvan 지역 일부에서 그물버섯의 생산량이 감소한 것도 일정 부분이 때문이다. 강도 높은 간벌 후에 그물버섯류나 꾀꼬리버섯류, 무당버섯류와 같은 균근균은 식물 숙주와 함께 자취를 감추고, 그 대신 바닥에 떨어진 나뭇가지를 먹는 부후균들이 그 자리를 채운다. 산림 전문가들이 간벌이나 수종 교체를 실시하면서 균류의 다양성과 자실체 생산량이 대폭 수정되고 있다.

사후 관리가 필수인 산림 사업이 실시되지 않더라도 균류 공동체의 종 구성은 시간이 흐르면서 변화한다. 숲은 나무의 나이에 따라 진화한다. 백 년 묵은 너도밤나무의 생리학은 태어난 지 십 년 된 어린 나무의 생리학과 같지 않다. 나무를 둘러싼 토양과 부엽토의 구조와 성분은 점진적으로 변한다. 땅속 뿌리에서 분비되는 아미노산과 당류의 속성과 양 또한 변한다. 백 년이 넘는 시간 동안 진행된 숲의 변화는 부엽토나 나무와 연결된 균류에게 큰 영향을 미친다. 자실체 형성의 빈도와 양, 그리고 종의 구성은 숲의 성숙도에 따라 필연적인 변화를 거듭한다. 이러한 변화는 냉혹하며 균류의 탄생과 소멸의 이유가 된다. 어린 나무 아래에서 자실체를 맺는 최초의 균류는 보통 나뭇잎과 수직을 이루는 바깥 방향으로 자라고, 이보다 늦게 등장한 균류는 더 오래된 뿌리 위, 나무줄기 근처에 모습을 드러낸다. 졸각버섯류, 비단그물버섯, 어리알버섯류, 트러플은 어린 나무 밑에 자실체를 맺는 것을 좋아한다. 그래서 이들은 개척종에 속한다. 반면, 성숙하고 오래된 숲에는 광대버섯류나 무당버섯류, 그물버섯류, 끈적버섯류와 같은 균근균들이 서식하고 있다. 숲속 나무들은 뿌리에 비교적 풍부한 균류 공동체를 품고 있다. 산에 우거진 독일가문비나무숲이나 전나무숲처럼, 오래된 참나무들과 너도밤나무들도 수많은 외생균근 파트너와 동고동락하는 것으로 유명하다.

여름이 끝날 무렵, 보주산맥의 비탈에 거센 폭풍우가 연이어 내리친다. 나무로 우거진 골짜기에도 무거운 기운이 감돌고, 나는 이때를 기회삼아 피에르페르세 호수 옆, 샤라륍Chararupt의 좁은 골짜기를 오른다. 불어난 시냇물이 양치류를 휩쓸며 요란 맞게 흐르고, 습기를 머금은 짙은 덤불숲에서 물이 뚝뚝 떨어진다. 열대를 버금케 하는 더위와 이리저리 엉켜있는 식물들, 드글거리는 진드기로 산행은 곤혹스럽지만, 조금만 더 올라가 전나무와 너도밤나무가 우거진 숲에 다다르면 꾀꼬리버섯과 깔때기뿔나팔버섯 *Craterellus tubaeformis*을 채취할 수 있으리란 기대가 나를 자극한다. 냇물에 젖은 연안에는 좀처럼 보기 힘든 석송*Lycopodium clavatum*과 우산이끼*Marchantia polymorpha*가 보이고 독특한 모양의 버섯들도 돋아나 있다. 콩두건버섯*Leotia lubrica*과 아교뿔버섯*Calocera viscosa*, 잎사귀버섯*Pleurocybella porrigens*은 무성한 이끼로 뒤덮인 곳에서 자주 모습을 드러낸다. 따뜻하고 축축한 흙은 땅속에 감춰진 균사 조직들을 모조리 관통하며 열정적인 생식 기관의 발현을 촉진한다. 색색의 돌기 수천 개가 뾰족한 잎으로 된 카펫 사이로 비죽 올라와있다. 수십 여 종의 균류가 수백 개씩 자실체를 맺은 것이다. 지난해, 처음으로 검은살팽이버섯*Phellodon niger*을 발견하는 뜻밖의 행운이 얻었는데, 그해 여름이 유독 무더워서 희귀 버섯인 검은살팽이버섯이 모습을 드러냈던 것이다. 나는 시냇물을 따라가다 비탈진 곳으로 발걸음을 옮긴 뒤 마침내 어두운 구석으로 미끄러지듯 내려왔다. 숲에 서식하는 버섯 중 로렌 지방 사투리로 '조노트*jaunotte*'라 부르는 꾀꼬리버섯*Cantharellus cibarius*이 있으리라 확신했기 때문이다. 미식가들이 열광해 마지않는 꾀꼬리버섯은 금빛 드레스를 걸치고 단단한 살결을 자랑하며, 옅은 살구향을 풍기는 만인의 사랑이다. 이끼 속에 파묻힌 금덩이를 찾는 것은 고도의 집중력을 요하는 일이지만, 일단 하나를 찾아내면 그 무리가 금세 눈에 들어온다. 비록 산행은 힘겨웠지만 오늘 저녁을 책임질 훌륭한 보상을 얻었다. 매우 작고 노란 봉오리가 전나무의 뾰족한 잎 사이로 솟아있지만, 성숙한 자실체의 물결치는 우아한 자태를 아직 갖추지 않은 터라 앞으로 한 달 넘게 버섯이 자랄 것으로 보인다. 아무래도 매주 이곳을 찾아 금빛 버섯을 슬쩍해야 할 것만 같다.

골짜기의 꼭대기에 다다르면 사람이 드나드는 오솔길에서 멀리 떨어진, 숲의 가장 깊숙한 곳에 그물버섯의 왕국이 있다. 여름이 끝날 무렵, 소나기가 퍼붓고 선선한 밤이 지속되면 부식토 깊은 곳에서 놀라운 생명체가 수백 개씩 땅을 뚫고 나온다. 1헥타르당 수백 킬로에 달하는 자실체를 맺기 위해 동원했을 에너지와 양분의 양을 생각하면 그저 놀라울 따름이다. 구리빛그물버섯*Boletus aereus*과 그물버섯아재비*Boletus aestivalis*, 프랑스어로 '세프 드 보르도*Cèpe de Bordeaux*'라 불리는 그 유명한 그물버섯이 같은 나무 아래에 이웃해 있다. 은은한 헤이즐럿 향이 일품인 그물버섯은 단연, 최고의 식용버섯 중 하나로 손꼽힌다. 프랑스 전역에서 채취되지만, 아키텐*Aquitaine*의 주도인 보르도에서 이름을 따왔다. 중세에 이 귀한 버섯을 최초로 영국으로 보냈던 항구가 아키텐에 있었기 때문이다. 오랜 산행의 보상이 버드나무 바구니에 한 아름 담겨있다. 나는 이렇게 채취한 버섯을 카르파치오에 곁들이거나, 올리브유를 두르고 노릇하게 구워먹는 것을 좋아한다. 프랑스에서 매해 1만 톤의 그물버섯이 채취된다고 하니 모두가 좋아하는 버섯임에는 틀림없다.

숲 사이로 흐르는 시냇물을 따라 걷는 산행은 경이롭고 다양한 버섯의 세계를 경험할 수 있는 탁월한 방법이다. 길을 따라 걷다보면 매우 대조적이지만 퍼즐처럼 잘 맞춰진 다양한 서식지를 보게 된다. 물에 잠긴 연안과 이끼에서부터, 높은 곳에 자리한 너도밤나무와 전나무숲, 그리고 볕이 잘 안 드는 경사면에 이르기까지 각양각색의 생태계가 이곳에 공존한다. 그리고 이들 소우주에는 제각기 다른 환경에 완벽하게 적응한 특정 균류가 제 몸을 숨기고 있다.

과학은 이를 명확하게 증명한다. 지속적인 산림 자원 관리를 위한 모든 프로젝트는 생태계 균형의 취약성을 반드시 고려해야 하고, 그 중심에 균류가 존재한다는 사실을 간과해서는 안 된다. 진단 도구와 경우에 따라서는, 나무와 균류의 관계를 관리·조절하기 위한 개입 방법을 도입할 수도 있다. 대굣적부터 이어진 이들의 결합을 존중해야만 가속화되는 기후 변화에 대처할 수 있다. 우리는 나무와 균류가 맺은 비밀스런 조약이 미래의 숲을 살리는 열쇠임을 잊어서는 안 된다.

12장 숨바꼭질의 명수,
트러플

트러플의 세계는 국가정보원보다 더 심오한 비밀에 싸여 있다.

피터 메일(Peter Mayle)의 『프로방스에서의 일 년』 중에서

프로방스의 하늘은 푸르다. 2015년 12월, 차가운 바람이 프랑스 동남부 보클뤼즈Vaucluse 꼭대기의 방투Ventoux산에 매섭게 불어 닥친다. 탕페트 고개col des Tempêtes 아래에서 바라보니, 거대한 산 남쪽 사면에 깊은 골을 만드는 협곡과 나무가 우거진 골짜기가 눈에 들어온다. 울창한 산과 경작지 사이로 난 넓은 길에 양떼가 이동한 흔적이 있다. 오늘날, 방투산 사면에는 숲이 다시 들어서 있다. 스위스산소나무, 너도밤나무, 호랑잎가시나무, 아틀라스개잎갈나무,

알레포소나무, 케르메스참나무가 자신감 넘치는 모습으로 산비탈에 서 있다. 그 밑에는 라벤더 밭과 트러플 재배지, 올리브 농장이 산록 지대의 끝자락에 물결을 만든다. 방투산은 여러 서식지를 짜맞추어 놓은 복잡한 퍼즐판으로, 생물학자와 생태학자, 산림 전문가들에게 천연의 과학 실험실을 제공한다.

1861년, '산악 지대 재건 사업'의 일환으로 실시된 대규모 재조림 사업은 산을 뒤덮고 있던 타임thyme과 라벤더의 드넓은 식생대를 감쪽같이 지워버렸다. 남벌과 강도 높은 개간, 지나친 방목이 수 세기 동안 지속된 후에 행해진 조치였다. 이제 방투산은 각양각색의 숲이 만든 아름다운 새 옷을 걸치고 있다. 방투산 남쪽 사면에 4백 헥타르가 넘는 면적을 차지하는 아틀라스개잎갈나무숲의 어두운 길을 걷고 있으니 재조림 사업이라는 '생태학적 구출'의 진정한 가치에 감사하게 된다. 알제리 오레스Aurès 지역에서 전해진 아틀라스개잎갈나무Cedrus atlantica 종자의 후손이 북쪽과 지중해의 식물상이 조우하는 이곳에 정착했다는 것은 부인할 수 없는 사실이다. 종자 확산을 돕는 북풍의 탄력을 받아 상당히 효과적으로 자연적 재생을 이룰 수 있었던 까닭에, 아틀라스개잎갈나무의 전선은 120년 동안 5킬로미터 이상을 전진하는 성과를 냈다. 아틀라스개잎갈나무들이 모여 있는 숲은 매력적인 공간이다. 이 중이 수종을 처음으로 들여온 산림 전문가에 대한 존경을 담아 '티

샤두Tichadou'라고 이름 붙인 가장 오래된 숲은 경탄을 자아낸다. 겨울 아침의 부드러운 햇살이 이들의 고결한 자태를 한층 더 돋보이게 한다. 12월 말은 오래된 개잎갈나무 곁에 사는 버섯을 따기에는 너무 늦은 시기다. 균류는 뾰족한 잎으로 만든 두꺼운 카펫 아래 몸을 감추고 있을 것이 분명하다. 이듬해, 가을에 다시 들러 레몬색으로 예쁘게 피어나는 코르티나리우스 케드레토룸*Cortinarius cedretorum*을 비롯해, 개잎갈나무에 터를 잡고 사는 균근성 버섯을 채취해야겠다. 그런데 한겨울에 방투산 언덕에서 내가 찾고 있는 것은 따로 있다. 바로 블랙 트러플이다. 일명, 브나스크 백작령Comtat Venaissin의 검은 진주 또는 투베르 멜라노스포룸*Tuber melanosporum*이라고 부르는 그 유명한 버섯이다. 명성만은 세계 제일이지만 땅속에 묻혀 있어 찾아내기가 쉽지 않다.

작은 감자 크기로 두둘두둘한 껍데기에 싸여 있는 트러플은 썩 호감 가는 외모는 아니다. 살은 단단하지만, 나무 아래 흙냄새와 사향, 버섯 향이 섞인 강렬한 향을 풍긴다. 생으로 먹으면 아삭거리는 식감을 느낄 수 있는데, 나중에는 말랑해지면서 검정 무black radish 향이 옅게 나다가 헤이즐럿 향이 남는다. 트러플 애호가라면 잘 알고 있겠지만, 트러플 채취 시기는 첫 서리가 내리고 마지막 서리가 내리기 전인 11월 말부터 3월 말까지다. 그러나 트러플만의 독특한 풍미를 제대로 느낄 수 있는 시기는 자실체가 완전히 성숙하는 1월 중순과 2월 중순 사이다. 몇백 년 전부터 사랑 받아온 트러플을 시장에서 보기가 점점 더 힘들어지고 있다. 베두엥 Bédoin 참나무숲은 수십 년 동안 프랑스에서 트러플이 가장 많이 채취되는 재배지 중 하나로 손꼽혔지만, 요새는 수확량이 예전만큼 못하다. 모든 것은 1858년, 훼손된 공유림을 살리고자 실시된 최초의 재조림 사업에서 시작되었다. 지역민들은 시에서 예산을 지원받아, 참나무의 일종인 퀘르쿠스 푸베센스Quercus pubescens의 도토리를 30헥타르에 달하는 면적에 3년 동안 심었다. 이후, 산악 지대 재건 사업에 투입된 정부 예산을 받아 도토리 수천 개를 추가적으로 심으면서 이 일대에 참나무 새싹이 대거 돋아났다. 오늘날, 산 능선에서 한눈에 보이는 나무들이 바로 이때 심어진 것이다. 지역 언론은 트러플 자생지의 여러 장점이 수종 선택에 영향을 미쳤을 것이고, 이를 무기 삼아 시장은 시의회와 시민에게 재조림의 필요성을 피력한 것이 아니냐는 조롱 섞인 지적을 했다. 그도 그럴 것이, 당시에는 방목장을 포기하고 그 자리에 나무를 심는 일이 보편적이지는 않았다. 1867년, 1천 헥타르가 넘는 지대에 나무가 들어서면서 조합을 결성한 지역의 트러플 채취꾼들은 암퇘지 10여 마리를 대동하고 새로운 숲을 찾았다. 1878년이 되자, 2천 헥타르에 달하는 베두엥 참나무숲에서 채취한 트러플이 시 산림 소득의 무려 65퍼센트를 차지했다. 19세기말, 방투산 국유림의 트러플 재배지에서 생산된 트러플은 연간 3백 톤에 육박했다. 트러플의 풍미에 매료된 파리 부르주아들이 점점 더 많아지면서 루베롱Luberon과 방투산 참나무숲은 이들의 욕구를 충족시켜주었다. 11월에서 3월까지, 트러플을 곁들인 영계와 수탉 1천 마리와 칠면조 5백 마리가 날마다 파리 레스토랑의 테이블에 올랐다. 미식가들에겐 천국이나 다름없었을 것이다.

쿼르쿠스 푸베센스나 호랑잎가시나무 서식지는 점점 늘어났다. 포도나무뿌리 진디병으로 버려진 포도밭과 미립자병이 돌아 쓸모가 없어진 뽕나무밭에 참나무가 자리하기 시작한 것이다. 도토리나 잘게 빻은 트러플을 접종시킨 묘목을 심는 방식으로 드롬Drôme과 보클뤼즈뿐 아니라 로Lot와 도르도뉴Dordogne 같은 프랑스 남서 지역에 트러플이 자생하는 참나무숲이 늘어났다. 당시에는 외생균근균을 나무뿌리에 접종시키는 기술이 발달하지 않았기 때문에 수확량이 일정치 않았을 뿐 아니라 예측할 수도 없었다. 침식이 일어난 토양에서는 1헥타르당 1킬로그램도 안 되는 트러플이 발견되는가 하면, 여름비가 많이 내렸던 해에는 포도밭이나 누에를 쳤던 자리에서 1헥타르당 60~70킬로그램에 달하는 트러플이 채취되기도 했다. 서로 다른 균류가 나무뿌리와 균근을 형성하기 위해 경쟁을 벌이고 강수량이 부족한 여름을 보내면서 균근과 자실체 형성에 차질을 빚었던 것이다. 참나무숲이 오래되고 수분을 가두려는 경향이 강해지면서 현재, 방투산의 트러플 생산량은 예전의 명성에 못 미친다. 트러플 생장에 반드시 필요한 수분을 나무가 가져가버리기 때문이다.

오늘날, 페리고르와 방투, 이탈리아의 피에몬테Piemonte 등 어느 지역에서나 트러플은 귀하고, 그래서 비싸다. 블랙 페리고르 트러플은 업자들 사이에서 1킬로그램당 6백~8백 유로에 거래되고, 개인이 사려면 1천 유로 정도를 지불해야 한다. 가격이 이렇다보니 주머니가 두둑한 애호가들이 유독 좋아하는 버섯이 되어버렸다. 거침없이 하락하는 연간 수확량을 제고하기 위해 트러플 재배업자들은 과학자들에게 도움을 요청했다. 오늘날, 전체 채취량의 80퍼센트가 넘는 블랙 트러플이 1970년대 프랑스 국립농학연구소의 장 그랑트Jean Grente와 제라르 슈발리에가 고안한 방법으로 접종시킨 묘목에서 생산된다. 철저히 관리되는 환경 하에 트러플 균사를 온상에 있는 참나무와 개암나무, 서어나무에 결합시킨 뒤 식목하는 방법이다. 균류와 나무의 상리 공생이 완성되어야만 트러플이라는 자실체를 맺을 수 있기 때문이다. 이 방법을 사용하면 묘목 잔뿌리의 90퍼센트 이상이 투베르 멜라노스포룸이나 부르고뉴 트러플인 투베르 아에스티붐*Tuber aestivum*과 균근을 형성할 수 있다. 근래에는 프랑스와 이탈리아, 스페인을 비롯하여 호주와 뉴질랜드, 영국에 새로운 트러플 재배지가 등장하고 있다. 트러플이 생산되는 나무를 심는 것은 첫 단계에 불과하다. 식목을 한다고 해서 몇 년 만에 불쑥 모습을 드러내기도 하는 트러플을 대량 생산할 수 있는 것은 아니다. 종묘업자들이 균근과 관련된 매뉴얼을 관리하면서 공생 결합을 위한 중매쟁이 노릇을 하고 있지만, 묘목이 재배지에 심어진 후에는 자연이 빼앗긴 권리를 되찾아간다.

19세기 말, 해마다 프랑스에서 생산된 트러플은 평균 7백 톤에 다다랐다. 균근 관리 기술의 발달과 체계적인 재배지 관리에도 불구하고, 현재에는 수확량이 눈에 띄게 줄어들어 연간 50톤을 넘는 일이 드물다. 이러한 현상은 무엇보다도 농촌 환경의 급격한 변화에서 비롯되었다. 산림 폐쇄를 야기한 장작 소비의 하락과 목동주의의 실종, 농촌 인구의 이탈, 여기에 트러플 채취꾼의 상당수가 전쟁터에서 목숨을 잃으면서 프랑스 남부 트러플 재배지에 막대한 영향을 끼쳤다. 특히 지난 몇 년간 건조하고 무더운 여름이 지속되는 등 기후 변화가 나타나면서, 프랑스에 연간 1천 헥타르가 넘는 트러플 재배지를 조성하려는 야심찬 정책의 긍정적 효과가 수포로 돌아가고 말았다. 트러플 재배지 한 곳에서 매년 20~60킬로그램의 트러플이 생산될 것으로 추정하지만, 실제 채취량은 평균 1헥타르당 5킬로그램에도 못 미치는 실정이다. 자연 상태에서 효과적인 균근을 형성하고 풍부하고 균일한 자실체를 맺기 위해 모든 생물학적·생태학적 요인을 빈틈없이 관리하고 있지만, 트러플은 여전히 인간이 좌지우지할 수 없는 영역에 있다.

트러플 재배업자들과 과학자들이 트러플 생산의 최적화를 위해 고군분투하는 이유가 여기에 있다. 2010년, 우리는 국립 유전체 서열 연구센터인 제노스코프Genoscope와 이탈리아 과학자들과의 협업을 통해, 블랙 페리고르 트러플의 게놈을 '해독'하는 데 성공했다. 이 놀라운 연구를 완성시키고 균근과 복잡한 향을 구성하는 유전자를 밝혀내려면 앞으로 5년 이상의 시간이 필요하다. 그러나 게놈 연구를 몇 년간 지속하다보니 블랙 트러플의 생리학과 생태학을 보다 잘 이해할 수 있게 되었다. 우리는 게놈 서열을 이용해 트러플의 생식 방식이나 향 제조법 등과 같이 트러플을 둘러싼 미스터리를 파헤치고자 했다. 이에 따라, 유전자 지문 기술처럼 신뢰도 높은 분자 도구를 이용해 트러플 재배지의 생태학을 연구했다. 투베르 멜라노스포룸이 고이 간직하고 있는 비밀 중 하나가 바로 성생활이다. 땅을 파야만 생식 기관인 자실체, 즉 트러플을 손에 넣을 수 있다.

11월 말, 여느 때처럼 사소한 구실을 핑계로 봉쿠르쉬르뫼즈Boncourt-sur-Meuse의 트러플 실험지로 발길을 옮긴다. 뫼즈까지 올라온 안개가 걷히면, 로렌의 작은 마을 위에 줄지어 정렬된 개암나무에 눈부신 햇살이 내리쬔다. 트러플 탐지견인 빌로바가 이리저리 뛰어다니는 모습은 가히 인상적이다. 내가 나무와 트러플을 연결하는 균근 조직의 위치를 머릿속으로 곰곰이 그려볼 때, 후각이 발달된 빌로바는 땅에서 몇 센티미터 깊이에 있는 트러플의 강력한 향을 찾아다닌다. 빌로바는 성숙한 트러플이 발산하는 휘발성 화합물의 냄새를 맡고 그 위치를 찾을 수 있도록 훈련 받은 탐지견이다. 미친개처럼 사방을 휘젓고 다니던 빌로바가 갑자기 질주를 멈췄다. 몇 번 킁킁대더니 이내 땅을 파헤치며 버섯의 위치를 표시한다. 낙엽을 헤치고 땅을 몇 센티미터만 파면 부르고뉴 트러플 *Tuber aestivum uncinatum*이나 뫼즈 트러플*Tuber mesentericum*, 운이 좋다면 북부 지방에서 사라져가는 영롱한 자태의 블랙 트러플을 보게 될 것이다. 프랑수아 1세가 왕들의 만찬에 소개한 이래로 미식가들을 유혹하는 트러플의 강력한 향은 땅속에 묻혀 있는 자실체에서 발산된다. 사실, 트러플에게는 거부할 수 없는 냄새를 미끼로 동물을 유인해 포자를 확산시키려는 속셈이 있다. 휘발성 유기 화합물을 발산하여 번식과 밀접하게 연관된 생물학적 기능을 보완했고, 그 결과 수백만 년 동안 종을 확산시킬 수 있었던 것이다. 상황이 이렇다보니, 트러플에 관한 여러 연구는 향 제조법을 규명하는 데 집중되었다. 각각의 트러플 종에서 향을 구성하는 분자의 수는 50개쯤 된다. 트러플 애호가 중 일부는 블랙 페리고르 트러플에서 부식토 냄새와 사향이 강하게 풍기는 반면, 명성이 자자한 피에몬트 트러플*Tuber magnatum*에서는 마늘이 섞인 카망베르 치즈에 메르캅탄이 첨가된 향이 난다고 한다. 참고로 메르캅탄은 가스 누설을 감지하려는 목적으로 도시 가스에 첨가될 만큼 역한 냄새가 난다.

모든 경우에 있어, 트러플이 발산하는 휘발성 유기 화합물의 총체를 합성 분자를 이용해 재현하려는 시도는 헛된 꿈에 불과하다. 식품 가공업이 개발한 '트러플 향'이라고 부르는 화학 향료는 한껏 무르익은 진짜 트러플에서 나는 향에 비하면 밋밋하기 짝이 없다. 나는 이러한 대용 품이 소비자를 기만하는 것이기 때문에, 정부 규제로 이를 금지시켜야 한다고 믿는 입장이다. 미식이라는 음식 문화도 이러한 행태를 허용하지 않는다. 그렇다면 이 오묘한 향은 어떻게 만들어지는가? 트러플 향은 일련의 정교한 생물학적 · 생태학적 과정의 결과다. 복잡하게 섞여 있는 블랙 페리고르 트러플의 방향성 화합물 하나하나가 후각 수용체에 감지되면서 최종 인지에 영향을 미치는 것이다.

무엇이 트러플의 복잡한 향과 효소를 결합시키는 것일까? 이것이 바로, 휘발성 분자의 합성에 연관된 유전자 발현을 연구함으로써 우리가 규명하고자 했던 주제다. 트러플에는 향 합성과 관련된 효소가 유독 활성화되어 있어, 황 화합물과 같은 상당히 특별한 방향 분자를 생산해내는 것으로 밝혀졌다. 한편, 우리는 자실체 내부뿐 아니라 표면에도 다량의 박테리아가 존재한다는 사실을 발견했는데, 이 박테리아는 트러플에서 발산된 방향 물질의 구성을 바꾸는 역할을 한다. 치즈를 생산할 때 박테리아와 균이 합작해 복잡한 향을 만들어 미식가들을 유혹하는 것과 같은 이치다.

신중한 성격의 트러플은 포식자와 건조한 기후를 피해 지표에서 몇 센티미터 떨어진 땅속에 생식 기관을 고이 묻어둔다. 자실체가 성숙하는 가을이 되면 작은 주머니 안에는 수백만 개의 포자가 들어차고, 트러플은 멧돼지나 설치류가 땅을 파헤쳐 자신을 발견해주길 기다린다. 동물이 버섯을 삼키면 포자가 숲을 가로질러 이동하고 마침내 배설물에 섞여 세상 밖으로 모습을 드러낸다. 이는 오랜 진화의 시간 동안 수많은 시행착오 끝에 얻어낸 효과적인 포자 확산 방법이다. 덩이버섯속*Tuber*을 탄생시킨 계통은 지금으로부터 1억 5천만 년 전인 쥐라기에 생겨났다. 가장 유명한 블랙 페리고르 트러플과 화이트 알바 트러플을 비롯해 현재 180종이 넘는 트러플이 존재한다.

땅속 균사가 성실한 성생활에 임한 결과, 짙은 향을 풍기는 조그만 덩어리가 생긴다. 그렇다면 어떤 메커니즘에 의해 이 신비로운 결정체가 생기는 것일까? 트러플 번식의 비밀을 밝혀낼 첫 번째 단서는 바로 유성 생식이다. 블랙 페리고르 트러플의 게놈 서열에서 얻은 검출 도구를 이용해 트러플 균사체의 암수를 추적하는 일이 가능해졌다. 그렇다, 트러플에게도 성별이 있다! 그런데 암수를 구별하려면 유전학자들이 '적합성 유전자' 또는 '접합 유형'이라고 부르는 '성 유전자'를 알아내야 한다. 이 유전자는 열쇠와 자물쇠 같은 역할을 하며 성 호르몬과 같은 분자 인자를 암호화한다. 트러플에게 범상치 않은 일이 일어나고 있음을 처음으로 발견한 것은 이탈리아 학자들이었다. 이들은 트러플의 암수 균사체에서 '성 분리' 현상을 목격했다. 실제로 숙주 나무에 암수 균사체가 모두 균일하게 분포하고 있는 것이 아니다. 어떤 나무는 '남자' 균사하고만 균근을 맺는가하면, 또 어떤 나무는 오로지 '여자' 균사만을 품는다. 더욱 놀라운 것은 이 나무들이 서로 멀찌감치 떨어져 있는 경우도 종종 있다는 사실이다. 그렇다면 어떻게 '짝짓기'를 할 수 있을까? 지하에서 피어나는 사랑의 결실인 트러플을 형성하려면 균근에서 약간 떨어진 곳에서 암수 균사가 만나야 한다. 우리는 두더지같이 땅을 파는 동물이나 지렁이가 암수 균사를 이어주는 오작교가되었을 것이라 추측한다. 모든 일이 술술 풀린다면 1제곱미터당 트러플이 백 개쯤 돋아날 것이다. 하지만 늦봄에 맺기 시작한 자그마한 트러플이 여름의 건조한 날씨를 견뎌낼 리 만무하고, 늦여름이나 가을에 맺힌 어린 트러플만이 이듬해 1월부터 3월 사이 성숙한 자실체로 성장할 수 있다. 포자의 자연적 확산과 암수 균사의 접촉은 상당한 변수가 작용하는 예측불허의 과정이다. 일부 재배지에서 생산성이 떨어지거나, 트러플을 채취하기까지 몇 년을 기다려야 했던 것도 이 같은 이유 때문일 것이다. 이에 따라 자연을 돕는 법을 배운 재배업자들은 포자의 확산을 용이하게 하고, 나아가 트러플의 생식 주기를 원활하게 하는 토양 작업을 실시하고 있다. 이 중 일부는 기지를 발휘해 나무 주위에 주기적으로 포자를 묻는 방식으로 암수 균사의 접합을 독려한다.

최근에 밝혀진 트러플에 관한 미스터리 중 하나는, 균과 숙주 나무 사이에 일종의 탯줄이 존재한다는 것이다. 수많은 과학자들과 마찬가지로, 재배업자들은 트러플이 껍질에 있는 오톨도톨한 돌기를 통해 토양의 유기물을 흡수해, 스스로 양분을 구하고 자립적으로 생장한다고 생각했다. 게다가 어느 누구도 나무의 균근과 어린 트러플이 연결된 흔적을 본 적이 없었다. 균근을 통해 당과 같은 양분을 운반하려면 어떤 연결고리가 필요할 텐데 관찰된 적이 없으니 트러플이 나무에 대해 독립적이라고 생각했던 것이다. 프랑수아 르타공 교수와 그의 연구팀은 일련의 실험을 거쳐 나무와 트러플 사이에 부인할 수 없는 연결고리가 존재함을 증명했다. 이로서 모든 의혹은 말끔히 해소됐다. 자실체의 발달은 숙주 나무의 광합성에 전적으로 의존한다. 트러플 재배지 두 곳에 이산화탄소를 이용해 개암나무와 호랑잎가시나무 잎에 '표시'를 했는데, 이산화탄소 안에는 질량분석법으로 측정하기 쉬운 탄소 동위원소인 탄소 13이 풍부하게 함유되어 있었다. 이전에는 시도된 적이 없는 대담한 실험이었다. 6미터 높이의 비계를 세운 후에 훤칠한 키의 나무를 격리시키고, 탄소 13이 풍부하게 함유된 이산화탄소를 몇 시간 동안 공급하기 위해 수십 입방미터의 투명 공간이 설치됐다. '표시'를 한 이산화탄소는 광합성을 통해 흡수되었고, 잎에 존재하던 당은 몇 주에 걸쳐 트러플과 균근을 맺고 있는 잔뿌리로 이동했다. 그러고 나서, 몇 달이 지나 버섯이 형성되었다. 나뭇잎이 떨어진 후, 아직 덜 자란 트러플은 녹말이 분해되면서 나오는 당을 흡수했는데, 이 녹말은 몇 주 전부터 나무가 저장해놓았던 것이었다. 균사와 어린 트러플 사이에 양분을 이동시키는 끈이 있다는 사실을 밝혀냈으니, 이제 그 유명한 '탯줄'을 찾기만 하면 됐다.

믿기 힘든 정황들이 겹치면서 익수류 연구가 트러플 연구에 지대한 공을 세우는 뜻밖의 일이 일어났다. 이 뜬금없는 이야기의 시작은 이렇다. 어느 박쥐 전문가가 우아즈Oise의 보뇌이앙발루아Bonneuil-en-Valois 채석장 지하 동굴을 탐사하던 중 일생일대의 발견을 한다. 좁은 통로를 지나던 중 시선이 바닥을 향하면서 요상하게 생긴 거무스름한 덩이줄기를 발견한 것이다. 호기심이 발동한 그는 미생물학자 친구들에게 이 덩이줄기를 보여주었고, 이들은 단박에 그것이 부르고뉴 트러플임을 확인시켜줬다. 트러플이 어떻게 이 깊은 곳까지 내려올 수 있는 걸까? 고개를 들어보니 천장에 나무뿌리의 잔털이 보였다. 지하 동굴 몇 미터 위에 있는 레츠Retz 숲의 150년도 더 된 너도밤나무의 뿌리가 바위 속 균열을 이용해 여러 개의 지층을 뚫고 습한 동굴까지 침투한 것이었다. 나무뿌리는 지하 세계로 여행을 떠나면서 만난 균과 균근을 형성했고, 그 결과 뿌리 근처에서 트러플이 생겨났다. 손만 뻗으면 트러플을 채취할 수 있다니 놀라울 따름이었다. 소식을 접한 미생물학자들이 현장을 방문해 이 희귀한 현상을 관찰했고, 프랑수아 르타공 교수의 지시에 따라 천장에 매달려 있는 트러플 주위의 흙을 채취했다. 바로 이때, 르타공 교수는 트러플의 탄생을 규명할 절호의 기회가 왔음을 직감했다. 실험실로 가져온 토양 샘플 안에는 지름이 15밀리미터 정도 되는 아주 작은 트러플이 있었고, 후배 연구원인 오렐리 드보Aurélie Deveau가 이것을 수백 조각으로 잘라 현미경으로 관찰했다. 수백 장의 슬라이드를 끈기 있게 관찰하던 르타공 교수는 몇 년 동안 찾아 헤매던, 토양의 균사 조직과 트러플을 잇는 '탯줄'을 마침내 찾아냈다. 이것은 균사가 응집해서 생긴 가늘고 약한 관으로, 뿌리와 균사 조직, 어린 트러플을 잇는 연결 운하와도 같았다. 흥분에 휩싸인 그는 두 눈을 반짝이며 모니터에 비친 현미경 슬라이드 글라스를 나에게 보여주었고, 화면 속에는 트러플의 생장에 반드시 필요한 양분을 이동시키는 '탯줄'이 있었다. 그의 발견은 잡힐 듯 잡히지 않는 생물학적 현상을 몇 년간 집요하게 매달린 끝에 이룩해낸 보상이었다. 건초 더미에서 바늘을 찾은 것이나 다름없었다. 하지만 고백하건데, 우연은 그에게 어둠 속에 비친 한

줄기 빛과 같았다. 이 이야기는 과학 연구에서 세렌디피티serendipity, 즉 뜻밖의 행운이 어떤 역할을 하는지를 여실히 보여준다. 과학적 발견은 우연한 상황에서 기인하는 경우가 많다. 만약 박쥐 전문가가 미생물학자 친구들에게 그가 발견한 것을 보여주지 않았다면, 또 그 친구들이 트러플에 빠져 있는 국립농학연구소의 과학자에게 이 사실을 재빨리 알리지 않았다면, 트러플의 탄생은 영원히 미궁에 빠졌을지도 모른다.

13장

아름답지만 의존적인
난초

먼저 고사리류와 덩굴식물이 얽혀 있는 소관목이 있고, 바로 그
다음으로 키 큰 나무과 쥐똥나무, 케이폭나무, 감람과 나무, 라부
르도나이시아*Labourdonnaisia*가 있다.

르 클레지오(Jean-Marie Gustave Le Clèzio)의 『알마(Alma)』 중에서

모리셔스에서 펼쳐지는 르 클레지오의 소설들이 열대 우림
속 신비한 오솔길로 나를 인도했다. 심오한 범신론적 고찰과 뚜렷
한 생태학적 의식이 녹아들어간 마스카렌제도Mascarene Islands에 대한
그의 꿈같은 묘사는 나무와 숲에 대한 나의 시각에 커다란 울림을
주었다. 그리하여 2013년 6월, 나는 아프리카 대륙 동쪽에 있는 레

위니옹Réunion섬의 실라오스Cilaos 원형 협곡을 찾았다. 그리고 레위니옹섬 식물 탐사는 나에게 영원히 기억에 남을 만한 소중한 시간이 되었다. 브라 섹Bras Sec에서 출발해 케르브귀앙Kerveguen 언덕으로 이어지는 길가에는 19세기 말, 일본에서 전해진 키 큰 삼나무가 어두운 숲을 이뤘다. 이른 아침, 능선에서 내려온 먹구름이 전나무 꼭대기에 걸쳐있었다. 불길한 징조였지만 가던 길을 계속 가기로 마음먹고 녹색 바나 사이로 난 진흙길을 따라 실라오스 원형 협곡의 가파른 비탈로 올라갔다. 열대 지방의 비는 그칠 줄 몰랐고 새벽부터 내린 비로 산비탈은 물이 넘쳐흘렀다. 날씨 탓인지, 나는 풍부한 생물다양성을 구성하는 이곳의 식물들을 알아보지 못했고 암담한 기분에 휩싸였다. 가까이서 식물을 관찰하기 위해, 키 큰 나무 아래 작은 초목들이 조밀하게 자란 이끼 낀 숲으로 들어갔다. 온통 미끄덩거리는 녹색 오솔길 속, 고목과 나무뿌리 사이로 조심스럽게 발을 내딛었다. 나무줄기와 갈래, 가지는 여러 형태의 지의류와 갖가지 고사리류, 색색의 이끼, 그리고 분해균으로 뒤덮여 있었다. 하지만 그날, 열대 우림에서 내가 찾던 것은 다름 아닌 난초였다. 인도양 한가운데 뚝 떨어져 있는 모리셔스에는 150여 종에 웃도는 난초과 식물의 자생종 또는 고유종이 서식한다. 이 매혹적인 식물들은 거대한 화산 협곡의 측면을 뒤덮고 있는 습한 숲에서 잘 자란다. 중간쯤 올라갔을 때, 나는 마스카렌제도의 아름다운 자생종 중 하나인 칼란테 실바티카*Calanthe sylvatica*를 발견했다. 어두운 수풀을 꽃대* 여러 개가 장식하며 흰색에 보랏빛이 물든 꽃이 우아한 자태를 뽐내고 있었다.

2만 5천 종에 달하는 난초과 식물은 초본 식물 중에 가장 많은 식구를 거느리는 식물군에 속하며, 이 중 대다수가 열대 지역에 서식한다. 사람들은 난초 꽃의 아름다움을 높이 평가하지만, 내가 난초에게 끌리는 이유는 일부 균근균과 접촉해 사활을 건 공생을 형성하기 때문이다. 난초는 곰팡이 동반자 없이는 아주 미세한 종자를 자연 발아시킬 수 없다. 실제로, 꽃대가 받치고 있는 꼬투리에서 터져 나온 수백만 개의 종자가 바람에 흩날리지만 정작 발아하고 싹을 틔우는 건 극소수에 불과하다. 난초의 종자는 50마이크로미터 정도로 크기가 아주 작다. 난초과 식물 중 하나인 바닐라의 깍지를 반으로 가르면 바닐라빈이라고 하는 미세한 가루가 소량 나온다. 그런데 이 종자에는 배아의 생장과 발아에 반드시 필요한 양분이 거의 들어있지 않다. 1899년, 식물학자 노엘 베르나르Noël Bernard(1874~1911)는 난초가 발아할 수 있는 유일한 방법은 당분을 공급해주는 공생균과 하루빨리 만나는 것임을 증명해냈다. 성장 초기 단계의 종자는 발아하면서 흙 속에 뻗어있는 여러 종의 균사

---

*　　식물학에서 하나 또는 여러 개의 꽃을 받치는 줄기

에 의해 점령당하고, 배아 세포 속으로 침투한 균사는 실 꾸러미 같은 구조를 형성한다. 이러한 구조는 며칠간 균류와 난초를 잇는 접점으로 쓰이다가 결국엔 난초에게 먹히고 만다. 난초와 공생하는 균류의 게놈 서열을 분석한 결과, 이들이 분해균에게서 발견되는 것과 동일한 유기물 소화 효소를 다량 보유한다는 사실이 밝혀졌다. 이 효소들은 부식토와 부엽토에 있는 셀룰로오스와 다른 복합당들을 분해해 포도당으로 변환시킨 후 이를 자신의 세포와 식물 동반자의 세포에 공급한다. 그래서 나무와 공생하는 외생균근균과는 다르게, 난초의 공생균은 식물 숙주가 당분을 공급하건 말건 스스로 양분을 얻을 수 있다. 공생균의 입장에서 보면 균사 꾸러미를 꿀꺽해서 영양분을 얻는 난초는 '균 포식자mycotrophy'다. 따라서 난초의 양분 섭취 방식은 일반적인 균근 공생에서 나타나는 양상과는 전혀 다르다. 하지만 난초가 성체 식물로 자라면 공생균은 그동안의 투자를 회수해간다. 당분의 흐름이 성장에 집중되면서 난초가 공생균에게 그동안 진 빚을 갚는 것이다. 협력과 경쟁이 한 끗 차이임을 보여주는 예다.

광합성이 가능한 난초는 균근균과 보다 일반적인 공생 관계를 형성하고, 균은 식물 숙주에게 당분이 아닌 무기양분을 공급하기 시작한다. 이와는 반대로, 잎과 엽록소가 없는 난초는 균이 살넉넉한 집을 마련하고자 뿌리를 과도하게 팽창시키며 곰팡이 파트너에게 여전히 의존하는 모습을 보인다. 4백 종 넘는 식물이 공생균을 섭취하는 방식으로 양분을 취하는데, 이 중 절반이 난초과 식물들이고 나머지는 용담류 같은 열대 식물들이다. 그런데 이런 독특한 양분 섭취 방식은 숲의 기능에 예기치 않은 결과를 초래하기도 한다.

실제로, 최근 토리노대학과 몽펠리에대학 연구진은 몇몇 난초와 공생균, 나무에 대한 연구를 통해 이들의 놀라운 관계를 증명해냈다. 에피팍티스 헬레보리네*Epipactis helleborine*와 리모도룸 아보르티붐*Limodorum abortivum*은 숲 길 가장자리나 나무 주변에서 자라는 난초과 식물이다. 식물학자 마크앙드레 셀로스가 이끄는 연구팀이 DNA를 분석한 결과, 이 난초들의 뿌리가 숲속 나무뿌리와 외생균근을 맺기 위해 균류와 공생 관계를 형성한다는 뜻밖의 사실을 알아냈다. 동위원소 추적자법을 비롯한 다양한 접근 방식을 통해, 나무가 균근균에게 당분을 공급하면 균근균의 또 다른 파트너인 난초가 이 당분의 일부를 흡수한다는 사실을 증명해냈다. 광합성으로 양분을 충분히 만들어내지 못한 난초가 나무가 공급한 당으로 부족한 부분을 보충하는 것이다. 다시 말해, 숲에 양분을 공급하는 여러 에너지 체계 중 하나가 작은 초목들 위로 자라는 난초의 우아한 꽃을 환하게 밝히는 것이다. 나무는 광합성을 통해 만들어낸 당분을 자신의 뿌리 체계와 땅속 균사체에 보낸다. 균사 조직이 난초 뿌리에 연결되면 난초는 마치 기생충처럼 나무가 보내준 당분의 일부를 섭취한다. 이런 복잡한 관계를 두고 식물학자 베르나르 불라르Bernard Boullard는 '도둑맞은 사람(나무)과 도둑(균)이 있고 그 뒤에 장물아비(난초)가 있다'는 우스갯소리를 하기도 했다. 낮은 곳에서 피어나는 이 아름다운 식물의 독특한 생태는 놀라운 적응력의 반증이기도 하다. 사실 난초는 태양 에너지를 90퍼센트 이상 가져가버리는 키 큰 나무들의 그늘에 가려져 있지만, 탁월한 생존 방식 덕분에 아름다운 꽃을 피울 수 있다. 이 같은 발견은 숲속 생물들이 보이지 않는 지하에서 얼마나 복잡한 관계를 형성하고 있는지 그 난해함에 대해 다시금 생각하게 만든다.

14장 자연이 걸친 아름다운 옷, 지의류

또 다른 생명의 희뿌연 자국 껍데기에서 불쑥 솟아오른 거품의 지
도와 소용돌이 나무의 무의식으로부터의 고백.

자크 라카리에르(Jacques Lacarrière)의 「지의류 I」, 『비석, 지의류』

바누아즈Vanoise 국립공원에 위치한 발레조네Vallaisonnay산의 풀
로 뒤덮인 하계 방목장은 초여름, 훌륭한 경치를 자랑한다. 퀼 뒤
낭Cul du Nant에 가려면 이른 아침부터 발걸음을 재촉해야 한다. 퀼
뒤 낭은 빙하로 덮인 원형 협곡으로 인상적인 광경을 연출한다. 수
많은 폭포에서 물이 쏟아지고 야생 염소 떼가 몸을 숨기는 곳이
다. 계단처럼 쌓여 있는 바위를 올라 드디어 플랑 세리Plan Séry 호수

에 도착했다. 여기서 더 올라가 샹파니Champagny 골짜기와 페제낭크 루아Peisey-Nancroix 골짜기가 만나는 고개까지 가는 것도 좋다. 저 위, 그랑 튀프Grand Tuf의 광물 덩어리가 가득한 곳에 가면 바위 위에 자리한 매혹적인 숲을 보게 될 것이다. 아담한 숲은 이파리가 둥글둥글한 아주 오래된 버드나무인 살리스 레투사Salix retusa로 뒤덮여 있다. 이들의 줄기는 주름지고 휘어져 있다. 굴곡이 나올 때마다 기어오르고 매달리기를 반복한 줄기는 태양을 갈망하는 잎자루에서 나온 작은 잎 수천 개로 바위를 온통 뒤덮고 있다. 2천 6백 미터의 알프스 정상이 친숙한 이 작은 나무는 이곳에서 얼마나 많은 겨울을 보냈을까? 얼마나 많은 눈보라가 이들의 포근한 안식을 송두리째 빼앗으려 했을까? 하얀 벌레잡이제비꽃과 보랏빛 솔다넬라 알피나Soldanella alpina 사이에 아직도 눈의 흔적이 남아있지만, 버드나무 뿌리는 이미 얇은 지층 속으로 뻗어나가 얼마 없는 귀중한 양분을 흡수한다. 이렇게 척박한 환경에서 관목의 삶은 몇몇 공생균의 개척 정신과 양분 흡수력에 좌우되고, 빙하와 돌로 이뤄진 세계에서 균류는 나무의 동행이 되어준다. 버드나무의 잔뿌리를 점령한 락타리우스 나누스Lactarius nanus와 끈적버섯류, 땀버섯류는 무기양분을 찾아 균사 조직을 확장해 호락호락하지 않은 이 땅에서 숙주 식물의 생장을 돕는다. 변방에서 맺은 나무와 균류의 서약은 두 동맹국의 생존을 위해 반드시 필요하다. 아북극의 숲처럼 이곳에서도 공생균의 자실체가 종종 숙주 식물보다 더 크게 돋아나기도 한다.

주위에 있는 바위를 둘러보면 혹독한 자연에서 생존하기 위한 또 다른 공생을 목격할 수 있다. 내게 상상의 자유를 준다면 널따란 편암에 그려진 초록, 노랑 또는 회색의 얼룩을 미지의 대륙을 암시하는 지도라고 생각하고 싶다. 하지만 이런 시적 감수성을 참지 못하는 과학자들은 기이한 생물체가 바위에 그린 캘리그라피를 '치즈 지의map lichen, *Rhizocarpon geographicum*'라는 세상에서 가장 평범한 말로 함축해버린다. 그런데 이 지의류는 돌에 난 대리석 무늬와 혼동하기 쉬워 걸음을 재촉하는 이들은 그냥 지나쳐버리기도 한다.

하지만 모든 지의류가 눈에 잘 띄지 않는 것은 아니다. 오트 모리엔느Haute Maurienne의 리봉Ribon 골짜기 깊은 곳에 자리한 아르세Arcelle에는 돌로 지어진, 이제는 폐허가 된 산장들이 있다. 그런데 산장의 돌 하나하나에는 선명한 오렌지색 지의류가 뒤덮여 있다. 바로 칼로플라카Caloplaca가 방치된 산장을 환히 밝히고 있는 것이다. 최초로 실시된 알프스 지의류에 대한 통계 조사가 올해 발표되었는데, 이에 따르면 알프스의 숲과 바위에 서식하는 지의류가 무려 3천 종이 넘는다고 한다. 지의류는 균류와 녹조류 또는 남세균으로 이루어진 생물 복합체라 할 수 있다. 이 중 균류는 파트너에게 안식처와 보호막을 제공한다.

지의류의 결합은 대부분 이끼 모양을 하고 있다. 식물의 외형을 띤 엽상체가 암석과 혼동될 만큼 착 달라붙어 껍질을 형성하기 때문이다. 현미경으로 들여다보면 이 엽상체는 복잡한 해부학적 구조를 가진다. 촘촘히 얽힌 균사 여러 겹에 조류 세포가 더해진 형태다. 이 복잡한 조합은 균류가 광합성을 하는 파트너와 상호작용을 할 때만 형성된다. 이들은 아직 인간이 밝혀내지 못한 형태발생학적 신호를 이용해 공생 형성을 조절한다. 이 결합에서 균류가 혼합 구소의 거의 90퍼센트를 차지하고, 나머지는 남세균이나 조류의 섬유가 차지한다. 학계에 보고된 약 2만 여 지의류 중 대부분이 조류와 공생을 맺고, 약 10퍼센트에서만 광합성 파트너로 남세균을 택한다. 그리고 단 5퍼센트만이 조류와 남세균, 균류가 한데 어울려 '삼각관계'를 이루며 살아간다. 하지만 모든 경우에 있어, 균류는 상황을 유리하게 이용하는 입장이다. 미세조류나 남세균이 세운 광합성 공장을 활용하는 법을 알고 있기 때문이다.

지의류가 새로운 영토를 점령하는 가장 흔한 방법은 꺾꽂이다. 몸의 일부가 바람이나 비, 곤충에 의해 새로운 곳으로 이동하여 또 다른 서식지를 형성하는 것이다. 더불어, 균류는 유성 생식을 통해 포자를 퍼뜨린다. 예쁜 샛노랑색 지의류인 크산토리아 파리에티나*Xanthoria parietina*를 유심히 살펴보면 표면에 오렌지색 종지 모양이 눈에 띈다. 바로 여기에 포자가 담겨져 있는데, 포자는 바람이나 물, 지의류를 먹고 사는 진드기의 배설물을 통해 확산된다.

지의류는 자신이 점령한 기반에 달라붙어 바위를 녹일 수 있는 정도로 강력한 산을 방출한다. 또 일 년에 몇 밀리미터밖에 자라지 못하는 지의류는 자신을 지탱하는 기반이 폭풍우나 산사태에 휩쓸려가지 않는 이상 수 세기 동안 거북이걸음으로 생장을 이어간다. 사실 지의류는 대기 중 습도가 충분하고 비가 생장에 꼭 필요한 무기물을 가져다줄 때에만 자랄 수 있는데, 이러한 조건이 모두 충족되는 시기는 많지 않다. 느리게 자란다고 해서 지의류를 얕봤다간 큰코다친다. 어엿한 생태계의 개척자로서 이끼와 고사리류, 고등식물이 서식할 수 있도록 토양을 만드는 일을 하기 때문이다.

조류와 균류의 공생은 아주 오래전부터 시작된 것으로, 기원을 살펴보려면 지금으로부터 5억 5천만 년 전인 캄브리아기로 거슬러 올라가야 한다. 고대 대륙의 척박한 땅에서 살아남기 위해 광합성을 하는 미세조류와 남세균은 균류와 은밀한 조약을 체결하여 지의류라는 새로운 '하이브리드' 개체를 만들어냈다. 이들의 공생은 태양빛을 흡수하기 위해 자신보다 훨씬 출중한 광합성 식물들과 경쟁해야 하는 미세조류에게 은신처를 제공했다.

그렇다면 미세조류와의 동맹이 균류에게 어떤 이익을 가져다주었던 것일까? 균류는 동맹을 체결하는 순간, 이를테면 태양열 집열판을 탑재한 대형 트럭으로 변신해 어떤 험한 길도 단박에 뚫고 갈 수 있다. 광합성을 하는 조류나 남세균은 광합성을 통해 포집한 태양 에너지를 당분으로 바꾸고 이 중 20~30퍼센트를 균사에게 전달한다. 더불어 조류는 비타민을 공급해주기도 한다. 이에 대한 대가로 균류는 안전한 서식지와, 기층이나 비에서 얻은 무기 양분의 일부를 조류에게 제공한다. 둘이 하나를 이루는 이 기묘한 개체는 바위 표면이나 벽, 나무줄기, 묘비, 식은 용암 같은 척박한 환경에서 살아남는 놀라운 적응력을 가지고 있다. 지의류는 가뭄에 내해서도 처연히 대처한다. 탈수가 오랜 기간 지속되더라도 꿋꿋이 견뎌내며 아주 적은 양의 빗물로 되살아나는 끈질긴 생명력을 지녔다. 또한 강력히 내리쬐는 자외선도 이겨낼 만큼 극한의 온도도 견뎌낼 수 있다. 카나리아제도Canary Islands의 란사로테Lanzarote 섬의 티만파야Timanfaya 화산국립공원에서 용암층을 둘러보면서 지의류의 강인한 생명력에 감탄한 적이 있다. 1730~1736년까지 연속적으로 화산이 폭발하여 서른 개가 넘는 화산이 생겨났고, 수백만 톤의 용암이 분출되면서 섬의 남동쪽 지역을 집어삼켰다. 거센 해풍이 몰아치고 연간 강수량이 250밀리미터밖에 안 되는 이 불모지에서 자라는 식물이라곤 고작 고사리 몇 종류와 다육식물이 전부다. 그럼에도, 어디에서나 볼 수 있는 생물종이 딱 하나 있는데 바로 납작나무지의Stereocaulon vesuvianum이다. 이 지의류는 하와이에서 레위니옹섬에 이르기까지 세계 곳곳의 용암을 하얗게 덮고 있다. 화산 지대에는 끊임없이 해풍이 부는데 이 바람에는 소량의 수분이 들어있다. 납작나무지의의 강인한 생명력은 바람 속 수분을 포집하는 놀라운 능력 덕분이라고 할 수 있다. 더불어 아주 느리지만 효과적인 방법으로 현무암을 녹이는 재주도 있다. 이 '바위 먹보'는 기다란 먹이 사슬의 첫 번째 코로 먼 훗날 비옥한 토양을 만들게 될 것이고, 그곳에서 포도밭이 발달해 향긋한 말바지아*Malvasia* 와인을 생산해낼 것이다.

그래서 극한의 공생 생물인 지의류는 굳은 용암이나 거센 파도가 부딪히는 절벽, 산꼭대기, 극지방 인근에서 서식한다. 하지만 숲에서도 나무줄기 표면에 붙어있거나 가지에 매달려 있는 이들을 만날 수 있다. 나는 알프스의 깊은 산골짜기의 아주 오래된 나무 위에 돋아난 분말투구지의*Lobaria pulmonaria* 사진을 수백 장쯤 갖고 있다. 북쪽 비탈로 가는 전나무숲의 아주 습한 경계에 우스네아 바르바타*Usnea barbata*나 진두발지의*Evernia prunastri*가 낮은 가지에 긴 옷을 걸친 광경을 종종 보곤 한다.

혹독한 자연에 아랑곳하지 않는 지의류지만 대기오염에는 아주 민감하게 반응한다. 인간 활동의 피해자로 이미 수많은 지역에서 지의류가 사라지고 말았다. 과거, 오래된 묘지의 비석을 오묘한 색으로 장식했던 지의류는 대도시가 급격히 발전하면서 공동묘지에서 완전히 자취를 감춰버렸다. 지의류의 소멸은 대기오염을 알리는 심각한 경종이다.

15장 | 곤충의 동반자, 흰개미버섯

좋은 목재에는 늘 개미가 있기 마련이다.

카메룬 속담

지금으로부터 9천 년 전, 신석기시대에 채집과 수렵을 하며 떠돌아다니던 사람들이 중동의 비옥한 땅을 지나면서 이곳에 영구 거주지를 마련하고 정착하기 시작했다. 작은 마을 주변에 밀과 보리 같은 화본과 식물을 키우다가, 수확량을 높이기 위해 구획 정리를 했다. 이렇게 부상한 농업은 이후, 인류의 사회 조직에 막대한 영향을 미치게 된다. 그런데 사람이 아닌 곤충이 3천만 년도 더 전에 농사를 지었다면 믿을 수 있겠는가? 개미류와 흰개미류, 그리고 초시류의 일부 종에게는 '버섯'을 재배하는 능력이 있다.

　케냐의 아라부코 소코케 국립공원 산림보호구역을 답사할 때, 붉은 흙을 몇 미터 높이의 산처럼 쌓아놓은 여러 개의 흰개미 집과 이 거대한 집을 돌보느라 쉴 새 없이 들고나는 개미떼를 본 적이 있다. 나는 이 사회적 곤충의 집 안에 먹잇감으로 쓰이는 균사 덩어리가 있을 것이라고 확신하고 있었다. 실제로, 아시아와 아프리카에 서식하는 흰개미류Macrotermitinae 330종은 이들의 거대한 서식지 안에 흰개미버섯속Termitomyces의 목재 부후균들을 재배한다. 동아프리카의 숲과 사바나에 서식하는 프세우다칸토테르메스 스피니게르Pseudacanthotermes spiniger의 왕개미와 여왕개미는 흙 속에 굴을 파고 재빨리 수백 마리의 일꾼과 꼬마 병정을 탄생시킨다. 평민 개미들이 개미집 주변을 부지런히 탐색하며 식물의 잔해를 싹싹 긁어모으고 더불어 주름버섯류에 속하는 '거대한 흰개미버섯'인 테르미토미케스 티타니쿠스Termitomyces titanicus의 포자를 모으는데, 이 포자는 동글동글하게 빚은 배설물이 벌집 안에 콕콕 들어차 있는 모양을 닮았다. 왕과 여왕이 따로 마련된 침실에서 부부의 의무를 다하며 수백만 마리의 후손을 탄생시키는 동안, 늙은 일꾼들은 줄지어 행군하며 사방에서 수집한 식물의 잔재와 목재 찌꺼기를 밤이고 낮이고 서식지에 실어 나른다. 그러면 높이가 3미터에 이르는 땅굴 속에 포진해 있는 젊은 일꾼 개미들이 이 식물 잔해를 받아 공생균 덩어리에게 전달하고, 공생균은 적절한 온습도를 유지하는 아늑한 아기방에서 양분을 받아먹으며 균사 조직을 무럭무럭 키워나간다. 일개미들의 보살핌 속에 성장한 흰개미버섯의 균사는 셀룰라아제를 비롯한 다량의 분해 효소를 이용해 식물성 물질을 분해하고 셀룰로오스를 소화시킨다. 잘게 쪼개진 이 식물성 물질은 풍부한 포도당과 균사로 만든 영양가 높은 죽이 되고, 균사 덩어리 밑에서 늘 동분서주하는 일개미들에게 일용할 양식을 제공한다. 이후, 일개미의 소화관에 있는 공생 박테리아와 효소가 셀룰로오스와 올리고당 같은 셀룰로오스의 분해 산물, 그리고 균사를 완전히 소화시키는 역할을 한다. 이렇게 공동 분해로 생산된 당분과 아미노산은 흰개미 집단 전체뿐 아니라 이들의 공생균, 그리고 장내 미생물을 먹여 살리는 소중한 양분으로 사용된다.

흰개미의 배설물 덕분에 균사 덩어리에 양분이 풍부해지고 흰개미버섯의 균사체가 생장하면서, 우기가 되면 주기적으로 자실체가 모습을 드러낸다. 흰개미집에 드디어 거대한 파라솔이 씌워지는 것이다. 서아프리카에서는 테르미토미케스 티타니쿠스의 자실체를 뜻하는 'chingulungulu'를 어렵지 않게 채취할 수 있다. 이 버섯은 아마도 우리에게 알려진 버섯 중 크기가 가장 클 것이다. 아프리카 시골 사람들은 지름이 1미터나 되는 이 흰개미버섯의 갓을 무척이나 좋아한다. 케냐에서 아이들이 자기 몸집보다 더 큰 흰개미버섯을 이고 다니는 것을 본 적이 있다. 다양한 흰개미종과 공생하는 흰개미버섯속 버섯은 30여 종이 있다. 이 중 나미비아에 서식하는 테르미토미케스 스킴페리*Termitomyces schimperi*의 자실체를 'omajowa'라고 부르는데 이 버섯은 거대한 흰개미집 위에서만 나타난다. 나미비아 사람들은 성장과 번영의 상징으로 여겨, 그대로 구워 먹거나 피자에 올려 먹고 심지어 아이스크림에 곁들여먹기도 한다.

이렇듯 흰개미와 버섯, 그리고 장내 박테리아는 매우 효과적인 '바이오엔진'을 구성했고, 덕분에 3천만 년 전부터 성공적인 진화를 이끌어 왔다. 모두가 탐하는 러시아 인형, 마트료시카처럼 이들의 복잡한 공생 관계에 매료되는 건 어쩌면 당연하다.

2천 2백만 년 전, 잎꾼개미들도 신대륙의 열대림에서 균배양 기술을 개발했다. 그리고 오늘날, 아타속*Atta*과 아크로미르멕스속*Acromyrmex*에 속하는 40여 종의 잎꾼개미들은 집 안에 있는 '정원'에서 레우코코프리누스 곤길로포루스*Leucocoprinus gongylophorus*라는 공생균을 재배하며 살아간다. 수백만 마리의 일개미를 먹여 살리는 방법을 터득할 만큼 이들은 지하 동굴에서 버섯을 키우던 소뮈르*Saumur* 사람들처럼 버섯 농사에 능했다. 잎꾼개미들은 아르헨티나에서부터 텍사스에 이르는 넓은 지역에서 식물성 물질이 순환하는 데 결정적 역할을 한다. 부지런히 움직이는 개미 부대는 바닥에 떨어진 잎과 꽃, 과일을 재빨리 잘게 찢어 집으로 운반한다. 이들에겐 식물의 잔해를 소화시킬 수 있는 효소가 없다. 그래서 개미집에 감금되어 있는 균사체에게 식물 찌꺼기를 가져다주고 대신 소화하게 만드는 것이다. 그러면 균은 분해 효소를 총동원해 식물 조직에 있는 셀룰로오스를 소화시킨 후, 포도당과 같은 단당류를 대량 방출한다. 먹거리가 충분한 균사 조직은 금빛 케이지 안에서 무럭무럭 자라고, 잎꾼개미도 균사를 주기적으로 뜯어먹으며 몸집을 키운다. 이러한 버섯과 곤충의 상리 공생은 당사자 모두에게 이익을 가져다준다. 숲속 미생물들이 공생이라는 동맹 협약을 통해 얼마나 효율적으로 살아가는지를 보여주는 예다.

식물성 유기물의 순환을 담당하는 버섯과 흰개미 및 개미 사이의 연합은 열대림의 여러 생태계에서 반드시 필요한 관계다. 하지만 이들의 공생이 때로는 처참한 결과를 초래하기도 한다. 그 대표적인 예가 바로 딱정벌레목의 곤충들과 암브로시아균들 간의 공생이다. 딱정벌레목 중에는 나무좀류가 가장 많이 발견되고, 암브로시아균은 장경자낭각균목ophiostomatales과 미크로아스크스균목microascales에 속하는 균들의 집합이다. 반복되는 가뭄으로 나무가 병들거나 쇠약해지면 나무에서 에탄올 같은 휘발성 화합물이 발산된다. 알을 품고 있는 딱정벌레가 이 물질에 이끌려 나무를 찾아오고 통로를 만들기 시작한다. 껍질과 양분 수송에 쓰이는 유관속 조직인 체관부를 빠르게 파고들다가 나무의 부드러운 부분이 나오면 그곳에 보금자리를 마련한다. 암컷 딱정벌레는 아담한 안식처 또는 가족분만실에서 알을 낳고, 목재를 먹지 못하는 유충을 위해 통로에 있는 균사체를 먹잇감으로 준다. 이 정도의 상황이 나무에게 심각한 해를 끼치는 것은 아니다. 문제는 곰팡이균이 급속도로 늘어날 때 발생한다. 균이 다량으로 증식하면 나무의 수액이 흐르지 못하고 결국 가지와 어린 줄기에 해를 입힌다. 딱정벌레목의 외래종 중 일부는 공격적인 성향의 곰팡이균을 실어 나르는데, 감귤류 농장에 막대한 피해를 입히는 푸사리움*Fusarium*이 대표적이다. 이에 따라, 유럽으로 병원균 매개곤충이 유입되는 것을 막기 위해 검역 조치가 시행되기도 했다.

나무좀도 공생균을 이용해 비슷한 현상을 일으킨다. 곤충과 균이 활발하게 번식하면서 나무에 해를 가하는 것이다. 다치거나 기력을 잃은 나무에서 나오는 휘발성 화합물에 이끌려 나무를 찾아온 나무좀은 껍질을 파기 시작하고 껍질 바로 밑에 있는 부드러운 부분을 서식처로 삼는다. 영양가 높은 조직으로 배를 채운 암컷은 껍질을 뚫어 강력한 페르몬을 발산시킨다. 주위를 날아다니는 나무좀을 유인해 나무 안에 거대한 서식지를 꾸리려는 속셈인 것이다. 이 페르몬의 유인력은 나무의 상처에서 흐르는 수지resin에 의해 한층 더 강력해진다. 이렇게 나무껍질 아래 신혼집을 차린 암컷과 수컷은 첫날밤을 보내고, 암컷은 여기저기에 흩어져있는 산란실에서 알을 낳는다. 이제 막 부화한 유충은 집안 구석구석을 파기 시작하고, 나무줄기의 도관과 수지도resin canal, 목재의 살아있는 세포 안에서 빠르게 증식하는 균사를 먹으며 양분을 보충한다. 이렇게 되면 균이 나무의 관다발계를 장악하고 수액이 흐르지 못하면서 결국 나무는 고사해버린다. 지난 세기에 발견된 가장 무서운 전염병 중 하나인 느릅나무 시들음병은 세 개의 대륙에 서식하는 느릅나무를 송두리째 앗아갔다. 스콜리투스 스콜리투스Scolytus scolytus라는 나무좀과 오피오스토마 노보울미Ophiostoma novo-ulmi라는 균류는 각각 매개충과 병원균으로 만나, 목재 무역 세계화의 흐름을 타고 세계 각지로 퍼져나가며 '저주받은 커플'의 끔찍한 폐해를 적나라케 보여주었다. 이들의 공생은 수천만 년 동안 공을 들인 뛰어난 상호작용의 결과지만 수백만 그루의 느릅나무를 죽음으로 몰아넣는 재앙을 낳았다. 오늘날 프랑스의 공원과 숲에서 느릅나무를 거의 볼 수 없는 이유가 여기에 있다.

입스Ips와 덴드로크토누스Dendroctonus와 같은 나무좀은 때로는 나약한 기생충처럼 행동하며, 계속된 가뭄으로 메마른 나무나 강풍에 상처 입은 나무에 막대한 피해를 입힌다. 암컷 나무좀과 유충이 나무에 뚫어놓은 통로들 때문에 체관부가 파괴되고 껍질이 떨어져 나가는데, 이러한 현상은 유충을 먹고 사는 딱따구리가 나무를 쪼면서 더욱 악화된다. 수액의 운반이 어려워진 틈을 타, 균류는 본색을 드러내며 관다발계를 막고 목재의 부드러운 부위를 점령한다. 결국 나무는 붉게 변하고 순식간에 고사해버린다. 2009년 겨울, 가공할 만한 위력의 태풍 클라우스Klaus가 산림 지대 여러 곳을 황폐화시키는 재해가 발생했다. 시속 170킬로미터가 넘는 돌풍으로 나무 수십만 그루가 송두리째 뽑히거나 산산이 조각나버렸고, 이로 인해 랑드 드 가스고뉴Landes de Gascogne 한 곳에서만 목재 3천 9백만 세제곱미터가 쓰러지는 사태가 발생했다. 나무가 쓰러지면 사용하기가 어려워 산림관계자들을 고민에 빠뜨리지만, 나무 분해자는 자연이 차려준 맛있는 식사에 환호성을 지른다. 태풍이 몰아친 후, 세쌍니나무좀Ips sexdentatus이 일으킨 전염병은 상처 입은 소나무숲에 다시 한 번 재앙을 몰고 왔다. 그런데 가스고뉴 지역의 수지 채취꾼이나 벌목업자들이 질색하는 이 나무좀에게는 예술가적 기질이 있다. 쓰러진 소나무 껍질에 아름다운 문양이 새겨진 것을 한번쯤 봤을 것이다. 교미를 하는 부부 침실과 사방으로 거미줄 치듯 뻗어 있는 산란실은 호주 토착민이 그린 그림을 연상케 한다. 이 나무좀의 사촌뻘 되는 가문비큰나무좀Ips typographus은 이름처럼 독일가문비나무에서 자주 발견되는데 독보적인 조각 실력을 갖고 있다. 나무껍질이 떨어지고 빠른 시일 내에 목재로 사용되지 않으면, 나무를 먹고 사는 균들이 줄기를 점령하고 여기에 나무좀의 공격이 합세하면서 결국 부패한다.

지구 반대편에서는 소나무좀인 덴드로크토누스 폰데로사이 *Dendroctonus ponderosae*와 소나무에 서식하는 균류인 케라토키스티스 몬티아*Ceratocystis montia* 때문에 캐나다 서부의 광활한 소나무숲이 몇 해 전부터 극심한 몸살을 앓고 있다. 온화해진 겨울 날씨가 나무좀의 생존력을 높이고 반복되는 가뭄으로 소나무의 건강이 나빠지면서 해충과 균류의 번식이 창궐한 것이다. 이들이 일으킨 엄청난 규모의 전염병은 이미 수백만 헥타르로 번졌고, 캐나다 산림 전문가들은 온타리오와 퀘벡의 북쪽 산림 지대까지 영향이 미칠까봐 전전긍긍하고 있다.

그런데 나무의 부드러운 곳을 찾아 통로를 뚫는 다른 곤충 종들은 뛰어난 목재 분해 능력을 지닌 균류에게 전적으로 의존한다. 막시류의 하나인 잣나무송곳벌*Urocerus gigas*의 유충은 목재를 미리 분해해주는 공생균 없이는 나무를 뚫지 못한다.

이들의 공생은 너무나 다양한 방식으로 나타나 가끔 우리를 깜짝 놀라게 한다. 그중 하나가 바로 열대림에서 발견된 '다자간의 사랑'이다. 프랑스령 기아나 산림 생태원 학자들은 식물과 개미, 균류가 독특한 공생 관계를 맺으며 살아가는 모습을 발견했다. 유기물 순환을 책임지는 개미가 열대림에서 매우 중요한 역할을 해낸다는 사실은 익히 알고 있다. 아타속*Atta* 잎꾼개미와 같은 개미들은 목재 부후균과 상리 공생을 이루는 반면, 다른 종류의 개미들은 송충이 같은 포식자로부터 식물을 보호하고 그 대가로 식물에게 '거처'를 제공받는다.

그런데 식물과 곤충이 주연하는 예상 가능한 시나리오에 불쑥 다른 주인공이 등장하기도 한다. 바로 균류다. 아마존 열대림에 사는 개미, 알로메루스 데케마르티쿨라투스*Allomerus decemarticulatus*는 크리소발라누스과Chrysobalanaceae의 히르텔라 피소포라*Hirtella physophora*에만 서식지를 꾸린다. 이 개미는 고도의 사냥 기술을 고안해냈는데, 바로 함정을 파서 먹잇감을 낚아채는 것이다. 툴루즈대학의 개미학자, 파스칼 솔라노Pascal Solano가 기아나 숲에서 개미와 공생하는 소관목을 관찰하던 중 우연히 이 엄청난 현상을 목격했다. 알로메루스가 식물의 잎에 '도마티아domatia'라고 하는 작은 주머니를 만들어 그 속에 살고 있었다. 도마티아는 잎 위나 잎 아래에 움푹 들어간 작은 공간으로 개미와 공생하는 식물에게서 흔히 발견되는 구조다. 더욱 놀라운 사실은 알로메루스가 여러 개의 원형 출입구가 있는 도마티아 사이에 일개미가 자유로이 드나들 수 있도록 통로를 건설했다는 점이었다. 이들을 여러 차례 관찰하던 중 솔라노 교수는 통로가 합류하는 지점에 수많은 곤충이 결박되어 있는 것을 목격했다. 이 놀라운 광경을 지나칠 수 없었던 그는 연구에 착수하기로 결심했고, 개미 전문가인 알랭 드장Alain Dejean과 제롬 오리벨Jérôme Orivel을 대동하고 알로메루스의 행태를 끈질기게 연구했다. 그 결과, 개미들이 모의를 통해 덫을 제작하고 사냥감을 낚는다는 사실을 밝혀냈다.

알로메루스의 덫은 적중률이 높았다. 사방에 구멍이 난 터널에 곤충이 앉으면 다리 하나는 십중팔구 구멍 속으로 빠진다. 그러면 구멍 속에 매복해 있던 개미가 곤충의 다리를 세게 붙들어 곤충은 꼼짝없이 결박당한다. 덫에 걸린 곤충은 빠져나가려고 안간힘을 쓰지만 일개미 부대가 몰려와 최후의 맹독을 쏜다. 개미는 독침을 맞고 쓰러진 곤충을 무참히 조각내 단백질이 필요한 성장기 유충에게 먹인다. 매복 공간을 고려한 복잡한 구조물을 설계한다는 것은 알로메루스가 일개미들 간의 완벽한 조율을 필요로 하는 정교한 행동을 한다는 사실을 의미한다. 그런데 더욱 놀라운 것은 이 복잡한 덫에 제3자, 캐토티리아목Chaetothyriales에 속하는 균이 등장한다는 사실이다. 쬐가 많은 개미는 잎 표면을 덮고 있는 '트리콤trichome', 즉 털을 들보로 사용한다. 털의 일부를 잘라 덫의 기반이 되는 뼈대를 만든 다음, 그 위를 식물 조각이나 먹잇감 사체에 남아있는 각피 같은 다양한 재질로 덮는다. 기괴한 건축물이 완성된 후에 일개미들은 동그란 구멍을 만들고 이 죽음의 집에 누군가 발을 들여놓기를 기다린다. 하지만 이게 끝이 아니다. 개미는 통로 전체에 당분이 섞인 분비물과 숙주 식물에게서 얻어온 즙을 바른다. 그러면 여왕개미는 공생균을 접종시켜 도마티아 안에서 본격적인 균 재배에 나선다. 균은 빠르게 증식해 벽 전체를 뒤덮는데, 이때 균은 일종의 접착제로 건축물의 응집력을 높이는 역할을 한다. 개미가 균을 재배하는 이유는 균에게 먹이를 주려는 것이 아니라 균을 보호하려는 것이다. 현미경 관찰과 동위원소 분석법을 이용해 공생균의 균사가 도마티아의 식물 세포에 침투해 개미 서식지에 있는 영양분을 숙주 식물에게 전달한다는 사실이 밝혀졌다. 공생균은 개미가 숙주 식물과의 평화로운 공존을 위해 준비한 깜짝 선물이었던 것이다.

이렇듯 곤충은 수백만 년 전부터 균류를 재배해왔다. 그렇지만 이따금씩 힘의 관계가 뒤바뀌기도 한다. 실제로 균류는 숲에 사는 곤충을 마음대로 부리며 조종할 수 있는 능력이 있다. 공포 영화를 보면 균류가 몸속에 침투해 숙주를 장악하는 장면이 나오는데, 현실에서도 이와 비슷한 일이 발생한다. 브라질 남동쪽, 미나스제라이스Minas Gerais의 관목숲에 사는 왕개미류인 '목수개미Carpenter ant'는 오피오코르디셉스속Ophiocordyceps의 '곤충 포식자' 곰팡이에 의해 좀비로 변하는 끔찍한 일을 겪는다. 개미가 먹잇감을 찾던 중 운이 없게도 곰팡이의 포자에 감염되는 것이다. 개미의 각피에 붙은 포자는 그곳에서 발아하고, 균사에서 소화 효소를 분비시켜 곤충의 껍질을 뚫은 다음 체내까지 침입한다. 바로 이때, 곰팡이는 개미의 신경 화학 분자를 자극하는 여러 물질을 방출해, 개미의 근육과 신경계를 마음대로 조종하는 통제권을 손에 넣는다. 균이 하라는 대로 며칠간 이리저리 끌려 다니던 개미는 결국, 키 작은 나무 아래에 턱을 박고 끔찍한 경련을 일으키다가 생을 마감한다. 그러면 곰팡이는 삶이 정지된 개미의 몸을 인큐베이터 삼아 균사를 증식시키고, 수백만 개의 포자를 담은 자실체를 생산한다. 바람에 날려간 포자는 좀비가 될 또 다른 희생자를 기다린다. 그런데 이러한 곤충 병원성 곰팡이의 기생이 때로는 뜻하지 않은 결실을 가져다주기도 한다. 박쥐나방동충하초*Ophiocordyceps sinensis*는 몇백 년 전부터 최음 효과가 뛰어난 것으로 유명해서 중국에서는 금값에 팔리는 버섯이다. 티베트와 네팔의 고원 지대에 서식하는 이 곰팡이는 헤피알루스 시아오지넨시스*Hepialus xiaojinensis*를 비롯한 50여 종의 인시류 유충에 기생한다. 늦가을, 흙 속에 묻혀 있는 포자가 뿌리를 먹고 자라는 유충을 만나 발아한다. 균사는 유충의 체내에서 무럭무럭 자라다가 나중에는 숙주 생물을 죽여 버린다. 미라가 된 유충은 약 10센티미터 깊이의 땅속에서 겨울을 보내고, 봄이 되면 기생균이 맺은 자실체가 사체의 머리에서 솟아나 초원에 모습을 드러낸다. 포자는 바람에 날려 땅에 떨어지고 다음 희생자를 맞을 준비를 한다.

체내 온도가 35도 이상인 포유류는 기생균이 선호하는 숙주가 아니다. 치명적인 폐질환을 일으키는 아스페르길루스 푸미가투스*Aspergillus fumigatus*와 크립토콕쿠스 네오포르만스*Cryptococcus neoformans* 같은 몇몇 균을 제외하면 인간은 다행히도 곰팡이균의 공격을 거의 받지 않은 편이다. 아직까지는 곰팡이균 때문에 인간이 좀비로 변했다는 기록은 없으니 안심해도 좋다.

16장 숲의 미래

(숲은) 인간이 알아가는 법을 잊은 어떤 시간에 대한 기억이자,
우리가 부당하게 대하는 식물 세계의 보관소다.

미셸 옹프레(Michel Onfray)의 「숲은 침묵을 요구한다」 중에서

『리르(Lire)』 459호, 2017년 9월 28일

30년이라는 세월이 지났지만 나는 아직도 캘리포니아 세쿼이아국립공원의 자이언트 숲에서 거대한 나무들을 처음으로 마주한 날을 생생히 기억하고 있다. 신비로운 숲을 관통하는 길을 걷던 나는 거대한 성당 한가운데에 있는 것처럼 깊은 경외심을 느꼈다. 성당 중앙 홀의 기둥처럼 우뚝 선 불그스름한 나무줄기가 현기증

이 날 만큼 거대한 몸집으로 나를 압도했고, 수천 년 된 침엽수의 정상은 내 시선이 닿지 않는 저 꼭대기에서 파란 하늘과 조우하고 있었다. 그 유명한 '셔먼 장군General Sherman'이 내 앞에 서 있었다. 높이가 83미터에 둘레가 자그마치 30미터나 되는 거대한 세쿼이 아였다. 무게가 2천 1백 톤에 육박하는 셔먼 장군은 지구에서 가 장 커다란 생명체로 여겨지곤 하지만, 앞서 언급했듯 멀루어 국유 림의 뽕나무버섯이 이 이야기를 듣는다면 이의를 제기할 것이다.

수천 그루의 거대한 나무들이 무리지어 사는 곳을 '자이언트 숲Giant Forest'이라 이름 붙인 사람은 미국의 작가이자 자연주의자인 존 뮤어John Muir(1838~1914)다. 환경 운동의 선구자인 그는 거대한 세쿼이아가 모여 있는 숲의 신전을 보고 경탄을 금치 못했다. 그러 나 현재, 이 중 백 개도 채 안 되는 작은 숲이 캘리포니아 시에라네 바다 서쪽 땅에 남아있다. 약 2억 년 전인 트라이아스기부터 거대 한 원시림이 이 땅에서 번영을 누렸지만 이제는 이렇게 초라한 흔 적만 남은 것이다. 이 '성스러운' 숲에는 아직도 3천 년 이상을 장 수한 나무들이 서식하고 있다. 나무는 그들 앞을 지나가는 냉혹한 이주자와 아메리카인디언, 스페인인, 영국인, 멕시코인, 미국인을 수없이 많이 보았다. 기이할 만큼 몸집이 큰 나무는 불멸의 기운을 내뿜는다. 그런데 최근 몇 년 동안 이 중 열다섯 그루가 수분 부족 으로 고사하는 일이 발생했다. 지금까지 한 번도 학계에 보고된 적

없는 이례적인 사건이었다. 그동안 거대한 세쿼이아는 산불이나 기생균 감염 같은 자연 재해를 거뜬히 물리쳐내는 난공불락의 요새로 여겨졌다. 이 기이한 현상의 원인을 파악하기 위해, 캘리포니아대학의 생물학자 앤소니 앰브로즈Anthony Ambrose와 웬디 백스터 Wendy Baxter는 3년 전부터 나무 정상에 오르기 시작했다. 가까스로 나무 꼭대기까지 올라간 이들은 정상에 매달린 채 나무갓의 증산작용과 광합성을 측정하여 나무의 수분 흡수 체계를 확인했다. 세쿼이아 한 그루가 하루에 빨아들이는 물은 2천~3천 리터로 이 엄청난 양의 물이 나무줄기를 따라 이동한다. 가뭄이 시작된다면 나무 정상을 관찰하는 학자들이 메마름의 징후를 제일 먼저 발견하게 될 것이다. 이들은 랜드샛Landsat이 전송하는 데이터를 확인하기도 하는데, 랜드샛은 궤도를 조금씩 변경하며 지상을 관측하는 위성으로 몇십 년 전부터 지구 전역을 관측하고 있다.

2011년에서 2015년까지 반복된 가뭄으로 캘리포니아 숲은 값비싼 대가를 치러야했다. 1억 2백만 그루를 웃도는 나무들이 사라져버렸고 영원불멸의 존재로 여겨지던 세쿼이아도 이 이례적인 상황에서 안전하지 않았다. 위성사진을 기반으로 측정한 결과, 세쿼이아 숲의 바이오매스는 30년 동안 6퍼센트나 증가했다. 나무를 둘러싼 대기 중 습도가 10퍼센트나 떨어지지 않았다면 이러한 증가율은 분명 반가운 소식이었을 것이다. 숲은 임계점을 코앞에 두고 있다. 사실 자이언트 세쿼이아와 같은 경우, 기후 변화로 가뭄이 지속되더라도 인근의 지하수를 빨아들일 수 있지만, 눈 녹은 물이나 땅속 수분을 흡수하지 못하는 취약한 나무들은 그저 고통을 감내할 수밖에 없다.

허기진 배를 움츠린 채 빙산을 방황하는 북극곰의 최후처럼, 수천 년을 산 세쿼이아의 예기치 못한 죽음은 미디어를 타고 전 세계로 순식간에 전파되었고 많은 언론사가 이 충격적인 사건을 앞다투어 보도했다. 이들의 죽음은 모든 생명체와 생태계가 겪고 있는 기후 변화의 심각성을 고스란히 드러내는 계기가 됐다. 그리고 이 중에 가장 고통 받고 있는 곳이 바로 숲이다. 기후 변화와 더불어, 목재 산업 활동으로 인한 산림 벌채, 도시와 농경지의 무자비한 확장으로 숲과 숲에 사는 생물들이 위험에 처해 있다.

북쪽 한대 지방과 열대 지방, 평야와 산지 등 지역이나 지형에 상관없이 모든 숲의 생명체들은 끊임없이 대화를 통해 협력하거나 대항하고 있다. 인간 사회가 출현하기 전까지 숲을 조각했던 건 나무와 균류의 동맹이었다. 그러나 신석기시대부터 지금까지, 인간은 거대한 숲을 끊임없이 개발하고 있고 이상 기후는 우리의 공포를 가중시킨다. 인류의 지각없는 행동으로 인해 3억 년이 넘는 시간 동안 진화해온 생태계의 소통 체계가 위험에 처해 있다. 70억이 넘는 인구는 지구에 심각한 변화를 일으킬 수 있는 해로운 세력이 되었다. 우리는 '인류세Anthropocene'에 진입했다. 인류세란 문자 그대로 인류가 만든 새로운 지질시대를 의미한다. 인간 활동에서 비롯된 대기 중 이산화탄소의 증가로 지구 전체의 평균 온도가 증가했다. 물론 그동안 지구는 이와 비슷한 규모의 기후 변화를 여러 차례 겪은 바 있다. 하지만 이번에는 예전과 비할 수 없을 만큼 그 속도가 빠르다. 기후학자들은 이산화탄소 같은 온실 가스 방출의 증가로 지표면에 도달한 태양열이 잘 빠져나가지 못함에 따라, 21세기에 바다와 대기의 평균 기온이 1.1~6.4도 추가 상승할 것이라고 내다본다. 제4기 지질시대에서 이처럼 빠른 속도로 진행된 기후 변화는 없었다. 이러한 변화는 대륙을 막론하고 지구의 모든 숲에 영향을 미칠 것이다. 산림학자들은 엄청난 환경 변화에 맞설 방안들을 생각해야 하고, 무엇보다도 세기 말 기후에 적합한 수종이 무엇인지 심사숙고해야만 한다.

종국에 지구 온난화가 전 지구에 부정적 영향을 미치리란 것은 주지의 사실이다. 피할 수 없을 만큼 강력한 대격동이 지구의 모든 생태계와 생물체를 변화시키고 있다. 사상 초유의 기상 사태는 숲에 어떤 결과를 초래할 것인가? 인간은 최악의 재앙에 대응할 능력이 있는가? 이상 기후의 부정적 영향을 상쇄하려면 숲과 목재가 필요하다. 숲은 탄소를 정화하는 우물로 대규모 재조림 사업을 통해 그 크기를 확대시킬 수 있고, 더불어 목재를 화석 연료

대체재나 건물 자재로 사용한다면 온실 효과 감소에 기여할 수 있을 것이다.

지구상에 존재하는 나무는 3조 그루나 되지만 해마다 1백억 그루가 사라지고 있으며, 신석기시대부터 이어진 인간 활동으로 수목의 개체 수는 이미 절반이나 감소했다. 다른 지역보다 더욱 심각한 상황에 직면한 곳들도 있다. 합리적인 관리로 유럽 땅의 산림 지대가 일정하게 증가하는 반면, 아마존과 인도네시아의 숲은 무차별적인 벌목으로 몸살을 앓고 있다. 숲은 오래 전에 생겨났지만 인간 활동으로 인해 7천 년이 넘게 혹독한 풍파를 겪었다. 신석기시대를 지나 갈로 로만시대, 그리고 중세에 농장이 생겨나면서 땅을 개간했고, 이 때문에 갈리아 땅을 뒤덮던 광활한 활엽낙엽수림이 크게 분할되었다. 끊임없는 인구 증가로 목재의 사용량이 점차적으로 늘어나면서 산림 지대가 고갈되고 있다. 더욱이 산업 혁명 이래로 기후 변화에 산림 개발이 더해지면서, 산업으로 인한 유해 물질과 농업이 방출하는 질소를 함유한 오염 물질, 기온 상승, 반복적인 가뭄, 잦은 산불로 숲의 모습은 처참하게 변했다. 첫 번째 신호는 눈으로도 확인할 수 있다. 싹이 나고 꽃이 피고 결실을 맺고 낙엽이 떨어지는 등 달력으로 표시하는 계절적 구분이 지구 온난화로 불분명해지고 있다. 극단적 기후사변의 증가와 신종 기생충 질환의 등장, 외래종의 침입 등, 지금으로부터 30년 전 과학자들이 내놓았던 비관적 예측이 사실로 확인되고 있다. 인간은 자연 생태계를 악화시킨 주요 생물학적 인자가 되었다. 전 세계의 모든 사람들이 숲의 위기를 걱정해야만 한다. 설령 프랑스 숲이 이러한 우려에서 빗겨나갔을지라도 숲이 직면한 상황은 전 지구적 이슈임에 틀림없다.

실제로, 2014년에 실시된 조사에 따르면, 프랑스 본토 면적의 31퍼센트에 해당하는 1천 690만 헥타르에 126개의 수종이 서식하는 것으로 집계됐다. 프랑스의 숲은 해마다 약 10만 헥타르씩 증가하고 있으며, 제1차 산업 혁명 이래로 프랑스의 숲이 이처럼 드넓은 면적을 차지한 적이 단 한 번도 없었다. 더욱이 숲에서 생산되는 목재가 잘려나가는 목재보다 두 배나 많은 실정이다. 대중에게 거의 알려지지 않은 이 같은 성과는 장밥티스트 콜베르Jean-Baptiste Colber와 그의 후계자들이 이끈 적극적인 정책의 결과다. 루이 14세 때 재무장관을 지낸 그는 수로와 산림 행정을 책임지는 수장으로, 왕립 조선소에 목재를 공급하려는 목적 하에 참신한 산림 정책을 펼쳤다. 알리에에 위치한 트롱세 숲은 콜베르의 야심이 가장 잘 드러난 곳 중 하나다. 당시 왕실 화랑을 짓기 위해 심어놓은 참나무가 수백 년이 지난 현재, 와인통 제조에 쓰이고 있다. 보르도나 부르고뉴의 그랑 크뤼 포도밭에서 생산되는 와인이 이 유서 깊은 나무통에 담긴다. 그렇지만 콜베르가 1661~1680년까지 주도한 왕립 산림 지대에 대한 위대한 개혁은 엄청난 규모의 벌채를 저지하기에는 역부족이었다. 제철소와 유리 공장의 증가, 그리고 17~18세기에 도시가 생겨나면서 목재의 사용이 폭발적으로 증가했고 이에 따라 대규모 벌채가 이뤄졌기 때문이다. 프랑스 숲이 르네상스를 되찾은 것은 지금으로부터 불과 150년 전의 일이다. 제2제정시대에 랑드 드 가스코뉴의 평야와 산지에 재식림을 하고, 1946년 국립 산림 기금이 창설되면서 프랑스의 숲은 예전의 명성을 되찾기 시작했다. 주로 해송으로 이뤄진 1백만 헥타르에 달하는 랑드 숲은 프랑스뿐 아니라 서유럽을 통틀어 가장 넓은 인공림으로 꼽힌다. 국유림은 본래 왕가나 영주, 성직자가 소유했던 숲으로, 헌신적인 산림 관리인들이 정성껏 보살폈던 곳이다. 이 중 가장 규모가 큰 숲은 3만 5천 헥타르를 차지하는 오를레앙Orléans 국유림으로, 일요일마다 한가로이 산책을 즐기는 지역민의 휴식처로 각광받는다.

그런데 예상과는 달리, 기후 변화가 자연에게 보탬이 되는 경우도 있다. 당시 국립농학연구소 생태학자 미셸 베케르Michel Becker는 30년 전, 프랑스 북동부 숲에 서식하는 나무들의 나이테를 측정해 이 같은 놀라운 현상을 증명해냈다. 기온이 상승하자 광합성을 통한 이산화탄소의 흡수가 촉진되었고, 그 결과 목질 생산이 수월해지면서 나무도 괄목할 만한 성장을 이뤘다. 그렇지만 숲 분포도를 유심히 살펴보면 나무가 많은 곳은 인구가 적은 농촌 지역이라는 사실을 알 수 있다. 농촌 사회는 개편되고 있으며 농촌 경제는 새로운 자원을 찾고 있다. 점점 더 야생의 모습을 닮아가는 이곳의 숲은 사람이 떠나고 농촌 이탈이 극심해질 때, 비로소 푸르게 빛난다. 프랑스에서는 뫼즈에서 랑드까지 상대적으로 인구가 적은 지역을 따로 이어서, '공백의 대각선Diagonale du vide'이라고 부른다. 그런데 숲은 외딴 산골들로 이루어진 이 '공백의 대각선'을 가로지른다. 실뱅 테송이 묘사한 '검은 길'에 따르면, 외딴 산골에 나있는 '시골길은 경이로울 정도로 공허하고 순수한 침묵에 잠겨있으며, 금방이라도 기묘한 일이 일어날 것만 같다'.

마지막 빙하기 이후, 참나무가 온화한 기후를 이용해 유럽 땅을 재점령했던 '참나무의 전성기'에 대해 언급한바 있다. 물론 오늘날에도 식물은 이동했다. 낭시 아그로파리테크AgroParisTech 산림 생태학 교수, 장클로드 제구Jean-Claude Gégout는 1905~1985년, 1986~2005년에 나타난 고도(0~2천 6백 미터)에 따른 산림 생물 171종의 분포를 연구한 끝에 이 같은 사실을 증명해냈다. 그의 연구는 많은 사람들을 놀라게 했다. 대부분의 식물이 생장에 유리한 기후 환경을 찾아 고지로 이동했다. 그 결과, 지난 몇십 년 동안 알프스 골짜기에 서식하는 산림 생물종의 식생대가 평균적으로 65미터나 상승했다. 『사이언스Science』와 『네이처Nature』에 그의 연구가 게재되며, 수많은 생물종과 여러 생태계를 위협하는 이 엄청난 규모의 현상을 세상에 알렸다. 더불어 다양한 언론에 폭넓게 보도되면서 지구 온난화의 심각성을 일깨우는 데 기여하기도 했다. 40년 넘게 알프스를 오르며, 숲의 비밀스러운 변화를 관찰해온 나는 이 엄청난 현상의 증인이기도 하다. 나무는 행군을 시작했다. 빙하는 녹는 중이고 그 바로 밑, 버려진 알프스 땅을 향해 나무들이 진군하고 있다.

평야에서도 지구 온난화가 산림 수종의 분포에 변화를 가져왔다. 낭시 국립농학연구소를 포함한 프랑스 연구소 네트워크는 향후 전개될 시나리오를 구상하기 위해 다수의 생태학적·통계학적 모델을 연구하는 중이다. 컴퓨터 프로그램으로 도출한 그래프와 지도는 숲이 이동 중이란 사실을 증명한다. 프랑스 중부와 남서부, 그리고 서부의 평야 지대에 서식하는 나무들이 2050년까지 가장 큰 타격을 입을 것이다. 수많은 불확실성에도 불구하고, 대부분의 모델에서는 너도밤나무와 구주소나무, 또는 페트라소나무와 로부르참나무의 개체 수가 빈번해지는 가뭄의 여파로 감소할 것이라 내다본다. 예측 모델을 설계하는 과학자들은 예측 모델이라는 것이 지구 온난화의 우려 속에 미래의 숲을 형식적이고 간결하게 표현한 것이라 여긴다. 우리도 알다시피, 특정 시기를 고려한 모델이 반드시 옳다고 볼 수는 없다. 현실과 마주할 때 지나치게 단순화된 이러한 모델은 오히려 효력을 상실하기도 한다. 결국, 미래는 여전히 불확실한 것이다.

잦은 가뭄이 장시간 지속되면서 허약해진 나무는 기생충과 일부 균 질환에 취약한 상태가 되었다. 나무를 공격하는 기생충과 균류는 기온 상승과 함께 개체 수를 늘리고 있다. 나무를 위협하는 잠재적 공격자들은 셀 수 없이 많다. 유리알락하늘소, 소나무재선충, 원생생물인 피토프토라 라모룸*Phytophthora ramorum*, 소나무 푸사리움*Fusarium* 등이 유럽 숲을 향해 진격하고 있고, 무역의 세계화는 새로운 병원균 침입에 대한 위험을 가중시킬 뿐이다. 자작나무와 참나무, 단풍나무, 너도밤나무, 포플러, 소나무, 그리고 플라타너스는 심각한 위험에 처해 있다. 가뭄과 기온 상승, 기생충의 침입과 같은 현상은 시너지를 일으키며 파괴력을 증폭시킨다. 산림 병리학자들은 수심에 잠겨있다. 이들은 밤나무 줄기마름병균이 북아메리카에 유입되면서 어떤 일이 발생했는지 선명히 기억한다. 동아시아에서 넘어온 이 균은 밤나무에 궤양을 일으키며 미국에 있는 밤나무를 거의 전멸시켜버렸다. 공교롭게 역시 동아시아에서 전해진 히메노스키푸스 프락시네우스*Hymenoscyphus fraxineus*라고도 하는 칼라라 프락시네아*Chalara fraxinea*는 몇 해 전부터 유럽물푸레나무를 공격하고 있다. 이 균은 일 년에 50~60킬로미터를 이동할 정도로 전염성이 높은데, 10년 전 프랑스에 유입된 이래로 프랑스 숲의 상당부분을 점령했다. 다행히 피해가 나무 정상에 국한되며 고사를 일으킬 정도로 치명적이지도 않다.

가장 빠르게 확산되는 해충 중 하나는 나방으로, 지중해 숲에 사는 소나무행렬모충나방*Thaumetopoea pityocampa*이 그 주인공이다. 이들의 유충은 무리를 지어 다니는 습성이 있는데, 일렬종대로 길게 늘어선 애벌레들이 소나무 잎을 갉아먹어 나무에 피해를 준다. 이들은 알레르기를 일으키는 아주 따가운 비단실을 뽑기 때문에 자주 군집을 이루면 인간과 동물의 위생에 적신호가 들어온다. 지구 온난화로 소나무행렬모충나방의 서식지가 확장되었다. 1970년대 초 이후, 프랑스에서 이들은 1백 킬로미터 이상 북상했으며 현재에는 파리 지역까지 도달한 상태다. 알프스에서 이들의 개체군은 매해 7미터씩 상승하며 서식지를 확대하고 있다.

이렇듯, 지구 온난화와 임업 활동의 영향으로 숲은 이미 변해버렸다. 숲을 이루는 개체 구성은 정치적인 문제가 되었다. 오늘날 어떤 수종을 심어야 하고, 또 미래에는 어떤 수종이 살아남을 것인가? 2003년, 사상 초유의 가뭄은 수많은 수종의 몰락을 여실히 보여주었다. 지중해 지역의 구주소나무와 중앙 산악 지대 경계의 더글라스전나무, 그리고 프랑스 전역에 서식하는 수많은 로부르참나무가 고사했다. 심지어 산림 전문가들이 수분 부족에 강한 수종이라 평가하는 호랑잎가시나무나 퀘르쿠스 푸베센스, 밤나무도 큰 타격을 입었다. 충격에 휩싸인 전문가들은 상대적으로 취약한 수종 대신 열과 수분 부족을 잘 견디는 수종을 장려하고 있다. 이에 따라, 산림 재정비 사업에서도 로부르참나무보다 가뭄에 잘 버티는 페트라참나무를 선호한다.

우리 연구소가 있는 아망스 국유림같이 참나무와 너도밤나무가 우거진 거대한 숲은 앞으로 어떻게 변할까? 이런 종류의 숲은 대부분 토양과 대기의 수분 부족에 적게 노출된 지대에 이미 자리한 상태다. 그러나 몇십 년 후, 봄에서 여름까지 이어지는 가뭄의 빈도가 두 배로 증가할 예정이라 안심할 수는 없다. 너도밤나무는 지금까지 이 모든 가뭄을 잘 견뎌왔다. 심지어 여러 모델에서 북부와 동부, 그리고 산악 지대에 너도밤나무의 서식지가 확장될 것이라 예측하고 있다. 이는 앞서 언급했듯, 지구 온난화와 대기 중 이산화탄소의 증가가 나무의 생장을 돕고 있기 때문이다.

내가 가을마다 들르는 도농 산악 지대의 전나무숲은 크게 변하지 않을 것이다. 유럽에 흰전나무*Abies alba*에 적합한 기후가 나타날 것이고 이에 따라 전문가들은 너도밤나무숲과 전나무숲을 육성하고자 한다.

조림 수종의 교체 이외에도, 수종의 유전학적 다양성을 이용한다면 기후 변화에 더욱 적절하게 대응할 수 있다. 다른 모든 생물체처럼 나무도 개체 간의 서로 다른 특성을 가진다. 어쩌면 미래 기후에 적합한 나무들이 이미 우리 숲에 존재하고, 장차 숲을 계승하여 풍요로운 미래를 맞이할 준비가 되어있는지도 모른다. 따라서 우리는 숲의 후계자를 찾아내 이들을 육성할 의무가 있다.

어떤 수종을 심을 것인가의 문제는 나무와 연관된 생물다양성에 영향을 미친다. 이는 산림 생물종의 대부분이 직간접적으로 나무 식생대에 의존하기 때문이다. 실제로, 나무는 나뭇가지를 통과한 후 초본 식물에게 닿는 빛의 양과 토양 속 수분의 변화, 매년 가을 부엽토를 형성하는 유기물의 양과 질에 영향을 미치고, 초식 동물과 상리 공생 생물, 기생균, 그리고 해충의 양분 형성에 있어 결정적 역할을 한다. 숲을 이루는 수종이 교체되면, 나무와 공존하는 균류 공동체의 구성과 구조뿐 아니라 개체군 동태도 크게 변할 것이다. 앞에서 숲과 나무에 서식하는 균류의 대대적인 연합에 어떤 비밀이 숨겨져 있는지 이미 설명했다. 외생균근은 수분과 무기물 흡수를 위해 나무에게 꼭 필요한 존재다. 균류는 극한 가뭄이 잦아질수록 나무를 이롭게 하는 지원군이 될 것이다. 검은 망토를 걸친 균근인 케노콕쿰Cenococcum은 파괴와 가뭄의 신, 세트의 해악을 저지하는 능력이 있다. 세자르 테레César Terrer와 임페리얼 칼리지 런던Imperial College London의 연구진은 외생균근이 토양에 공급하는 질소의 양이 늘어날수록 나무에 갇혀 있는 이산화탄소의 양도 많아진다는 사실을 밝혀냈다. 거대한 균사 조직과 유기 질소 분해 효소가 있는 외생균근은 토양을 비옥하게 만듦과 동시에 이산화탄소를 끌어들이는 셈이다.

우리는 바닥에 쓰러진 거대한 나무에서 쟁탈전을 벌이는 분해균의 모습도 확인했다. 음산한 기운이 느껴지긴 하지만 목재 부후균은 풍요로운 숲을 유지하는 데 없어서는 안 될 존재다. 이들은 식물의 잔해로부터 무기물을 방출해 자연의 순환 고리를 이어 준다. 그동안 소유주로부터 가치를 인정받지 못했던 나뭇가지나 잎 같은 벌목의 잔재들이 이제는 새로운 에너지원으로 각광받고 있다. 그러나 이 역시 지나친 남용은 금물이다. 이 '잔류물'을 반복적으로 수거하면 분해균에게 양분을 공급하는 주요 원천이 사라지고, 장기적으로는 목재 생산량을 감소시킬 수 있기 때문이다. 실제로, 마크 뷔에와 그의 연구진이 로렌의 너도밤나무숲에서 실시한 실험에 따르면, 증가하는 산림 바이오매스의 수거량이 토양 균류 공동체의 분류학적·기능적 생물다양성에 2년에서 3년 정도밖에 영향을 미치지 않는다고 한다.

모르티에렐라*Mortierella*와 같이 부엽토와 부식토에 서식하는 주요 분해균들이 빠른 속도로 사라지고 있다. 유기물 함량이 매우 낮은 토양은 바이오매스 수거에 그만큼 취약한 지역이다. 따라서 바이오에너지 생산을 위한 산림 잔해의 사용은 제한적으로 이루어져야 한다. 이미 공감하겠지만, 이상적으로 산림을 관리하려면 분해균이나 공생균 같이 나무와 동맹을 맺고 있는 모든 종류의 미생물에 대해 해박한 지식을 가지고 있어야 한다.

과학자들은 모든 종류의 시나리오를 구상하며 숲의 미래를 지키고자 고군분투하고 있다. 이에 미생물학자들도 맡은 바 역할이 있다. 기온 상승이나 가뭄 같은 환경 변화뿐 아니라 생물다양성 감소와 감염균 유입, 그리고 수종 교체와 같은 임업 계획에 있어, 나무와 관련된 미생물 공동체와 개체군들의 변화 추이를 연구해야 한다.

산림 전문가들과 과학자들이 가장 많이 언급하는 시나리오 중 하나는 생태 네트워크인 트람 베르트rame vert의 확대로, 이는 산림 보호를 강화하고 천연 보호구역을 지정하며, 산악 지대를 유기적으로 연결하는 것이다. 더불어 숲을 오래도록 가꾸어 탄소 저장을 유도하고, 불확실한 미래에 대한 담보로 산림의 유전학적 다양성을 강화시키는 것이다.

나무는 수많은 인류 문화에서 하늘과 땅을 상징적으로 연결하는 존재다. 균류와 다른 유익 미생물의 생물다양성을 보존하고 최적화하는 것이야말로 인간을 사이에 둔 천지의 불가분 관계를 유지하고 숲을 지키는 가장 바람직한 방법이다. 우주에서 보면 거대한 바다로 뒤덮인 지구는 파랗다. 그리고 그 안에 광활한 숲이 모여 녹색 물결을 이룬다. 우리는 이 녹색 지대에 대한 책임이 있다. '나무 세계'는 인간의 과욕을 묵묵히 좌시하고 있다. 인간은 지각 능력을 갖춘 이 개체들과 하루빨리 화해를 도모해야 한다. 무질서한 도시 확장으로 인한 오염을 경감시키고, 생물다양성의 감소를 늦추며 환경적 혼란과 맞서 싸울 때 '나무 세계'가 우리에게 손을 내밀 것이다. 나무는 수억 년 전부터 지구에 서식하고 있는 고귀한 생명체다. 아직 유년기에 머물러있는 인간이라는 거만한 종은, 나무와 이들의 동맹군이 잘못된 것을 바로잡기 위해 결속하지 않으리란 사실을 명심해야 한다.

감사의 글

낭시 국립농학연구소에서 나무와 미생물의 상호작용에 관한 연구 중인 나의 동료들에게 우선 감사의 말을 전하고 싶다. 늘 곁에서 힘을 실어준 동료들과의 과학적 교류나 인간적 우애가 없었더라면 책을 내는 일은 불가능했을 것이다. 나는 우리의 공동체가 아름답고 조화로우면서 효과적인 공생을 형성하고 있다고 생각한다.

가장 처음으로 원고를 읽고 코멘트를 달아준 나의 아내, 실비에게 고맙다고 말하고 싶다. 그녀의 과감한 비평과 조언, 제안이 나에게 많은 도움이 됐다.

이 프로젝트를 권유했던 올리비아 르카상스는 집필 기간 내내 나에게 큰 힘이 되었다. 그녀 덕분에 본연의 수줍음을 극복하고 나무와 미생물 이야기를 여러분에게 들려드릴 수 있었다. 그녀에게 무한한 감사의 마음을 전한다.

나의 친구들과 동료들에게도 인사를 전하고 싶다. 크리스틴 스트룰루데리언, 카트린 렌느, 앙투안 크르메, 프랑수아 르타공, 브뤼노 물리아, 루이미쉘 나줄레장, 마크앙드레 셀로스, 에르벵 드레이에는 각자의 전공 분야에 해당하는 부분을 검토해주었다.

마지막으로, 너그러운 마음으로 비밀을 공개하도록 허락해준 '나무 세계'에게 고맙다고 말하고 싶다.

1장 나무 세계

- Bernard C., *Introduction a l'etude de la medecine experimentale*, Paris, Le Livre de Poche, 2008.
- Bordenstein S. R., et Theis K. R., 《*Host biology in light of the microbiome. Ten principles of holobionts and hologenomes*》, PLOS Biology, vol. 13, aout 2015.
- Coccia E., *La Vie des plantes. Une metaphysique du melange*, Paris, Rivages, 2016.
- Cornu P., Valceschini E., et Maeght- Bournay O., *L'Histoire de l'Inra, entre science et politique*, Versailles, Quae, 2018.
- Halle F., *Plaidoyer pour l'arbre*, Arles, Actes Sud, 2005.
- Haskell D. G., *Un an dans la vie d'une foret*, Paris, Flammarion, 2014.
- Selosse M.-A., *Jamais seul. Ces microbes qui construisent les plantes*, les animaux et les civilisations, Arles, Actes Sud, 2017.
- Wulf A., *L'Invention de la nature. Les aventures d'Alexander von Humboldt*, Paris, Noir sur Blanc, 2017.

2장 세계에서 가장 큰 생명체, 뽕나무버섯

- Fiore- Donno A. M., et Martin F., 《*Populations of ectomycorrhizal Laccaria amethystina and Xerocomus spp. show contrasting colonization patterns in a mixed forest*》, New Phytologist, vol. 152, decembre 2001, p. 533-542.
- Gherbi H., Delaruelle C., Selosse M. A., et Martin F., 《*High genetic diversity in a population of the ectomycorrhizal basidiomycete Laccaria amethystina in a 150-year- old beech forest*》, Molecular Ecology, vol. 8, decembre 1999, p. 2003-2013.
- Smith M. L., Bruhn J. N., et Anderson J. B., 《*The fungus Armillaria bulbosa is among the largest and oldest living organisms*》, Nature, vol. 356, avril 1992, p. 428-431.

3장 숲의 마라토너, 참나무

- Carcaillet C., et Blarquez O., 《Fire ecology of a tree glacial refugium on a nunatak with a view on Alpine glaciers》, *New Phytologist*, vol. 216, decembre 2017, p. 1281-1290.
- Kremer A., et Petit R., 《L'epopee des chenes europeens》, *La Recherche*, vol. 342, mai 2001, p. 40-43.
- Murat C., Martin F., et al., 《Polymorphism at the ribosomal DNA ITS and its relation to post- glacial re- colonization routes of the Perigord truffl e Tuber melanosporum》, *New Phytologist*, vol. 164, novembre 2004, p. 401-411.
- Selosse M.-A., et Martin F., 《Les arbres sont- ils connectes par les reseaux de champignons mycorhiziens?》, *La Foret et le Bois en 100 questions*, fi che 2.12, Academie d'agriculture de France, 2018.

4장 버섯계의 아이콘, 광대버섯

- Egli S., 《Mycorrhizal mushroom diversity and productivity – an indicator of forest health?》, *Annals of Forest Science*, vol. 68, janvier 2011, p. 81-88.
- Garon D., et Gueguen J. C., *Biodiversite et evolution du monde fongique*, Les Ulis, EDP Sciences, 2015.
- Halle F., et al., *Aux origines des plantes. Des plantes anciennes a la botanique du XXIe siecle*, t. I, Paris, Fayard, 2008.
- Heads S. W., Wang Y., et al., 《The oldest fossil mushroom》, *PLOS One*, vol. 12, juin 2017.
- Martin F., *Tous les champignons portent- ils un chapeau? 90 cles pour comprendre les champignons*, Versailles, Quae, 2014.
- Martin F., Uroz S., et Barker D., 《Ancestral alliances. Plant mutualistic symbioses with fungi and bacteria》, *Science*, vol. 356, mai 2017, p. 819.
- Silar P., et Malagnac F., *Les Champignons redecouverts*, Paris, Belin, 2013.
- Strullu- Derrien C., Selosse M.-A., Kenrick P., et Martin F., 《The origin and evolution of mycorrhizal symbioses: from palaeomycology to phylogenomics》, *New Phytologist*, vol. 217, mars 2018.

5장 곰팡이 없인 못살아, 흑송

- Clement A., Garbaye J., et Le Tacon F., 《Importance des ectomycorhizes dans la resistance au calcaire du Pin noir (*Pinus nigra Arn. ssp. nigricans Host*)》, *Oecologia Plantarum*, vol. 12, 1977, p. 111-131.
- Martin F., Canet D., et Marchal J.-P., 《In *vivo natural abundance 13C NMR studies of the carbohydrate storage in ectomycorrhizal fungi*》, *Physiologie vegetale*, vol. 22, 1984, p. 733-743.

6장 섬세한 감각의 소유자, 포플러

- Albergenti M., 《*Les plantes possedent- elles une veritable intelligence?*》, emission 《*Science publique*》, *France Culture*, le 8 mars 2013.
- Bastien R., Bohr T., Moulia B., et Douady S., 《*Unifying model of shoot gravitropism reveals proprioception as a central feature of posture control in plants*》, *Proceedings of the National Academy of Sciences of the United States of America*, vol. 110, janvier 2013, p. 755-760.
- Chamovitz D., *La Plante et ses sens*, Paris, Buchet/Chastel, 2018.
- Halle F., *Eloge de la plante. Pour une nouvelle biologie*, Paris, Points, 2014.
- Kohn E., *Comment pensent les forets. Vers une anthropologie au- dela de l'humain*, Bruxelles, Zones Sensibles, 2017.
- Lenne C., *Dans la peau d'une plante. 70 questions impertinentes sur la vie cachee des plantes*, Paris, Belin, 2014.
- Mancuso S., et Viola A., *L'Intelligence des plantes*, Paris, Albin Michel, 2018.
- Martin F., Bastien C., et Dowkiw A., 《*Un arbre precieux : le peuplier*》, *Textes et documents pour la classe*, no 890, dossier 《Forets d'Europe》, fevrier 2005, p. 20-21.
- Martin F., et Kohler A., 《*Genomiques structurale et fonctionnelle du peuplier*》, *Biofutur*, vol. 23, 2004, p. 38-42.
- Wohlleben P., *La Vie secrete des arbres. Ce qu'ils ressentent*, comment ils communiquent, Paris, Les Arenes, 2017.

7장 광릉젖버섯의 은밀한 동거

- Buee M., Martin F., et al., 《*454 Pyrosequencing analysis of forest soils reveal an unexpectedly high fungal diversity*》, *New Phytologist*, vol. 184, juillet 2009, p. 449-459.

- Garbaye J., *La Symbiose mycorhizienne. Une association entre les plantes et les champignons*, Versailles, Quae, 2013.

- Harley J., et Smith S. E., *Mycorrhizal Symbiosis, Cambridge*, Academic Press, 1983.

- Le Tacon F., et Selosse M.-A., 《*Le role des mycorhizes dans la colonisation des continents et dans la diversifi cation des ecosystemes terrestres*》, *Revue forestiere francaise*, vol. 49, Paris, AgroParisTech, 1997, p. 15-24.

- Martin F., *Tous les champignons portent- ils un chapeau?*, ouvr. cite.

- Piche Y., Plenchette C., et Fortin A., *Les Mycorhizes. L'essor de la nouvelle revolution verte*, Versailles, Quae, 2015.

- Silar P., et Malagnac F., *Les Champignons redecouverts*. ouvr. cite.

- Selosse M.-A., *La Symbiose. Structures et fonctions, role ecologique et evolutif*, Paris, Vuibert, 2000.

8장 짚신도 제짝이 있다, 모래밭버섯

- Monfreid H. de, *Les Secrets de la mer Rouge*, Paris, Grasset, 1994.

- Martin F., Diez J., Dell B., et Delaruelle C., 《*Phylogeography of the ectomycorrhizal Pisolithus species as inferred from nuclear ribosomal DNA ITS sequences*》, *New Phytologist*, vol. 153, fevrier 2002, p. 345-358.

- Martin F., Kohler A., Murat C., Veneault- Fourrey C., et Hibbett D. S., 《*Unearthing the roots of ectomycorrhizal symbioses*》, *Nature Reviews Microbiology*, vol. 14, decembre 2016, p. 760-773.

9장 적인가 친구인가, 보라발졸각버섯

- Martin F., et al., 《*The genome of Laccaria bicolor provides insights into mycorrhizal symbiosis*》, *Nature*, vol. 452, mars 2008, p. 88-92.

- Plett J. M., Martin F., et al., 《*A secreted effector protein of Laccaria bicolor is required for symbiosis development*》, *Current Biology*, vol. 21, juillet 2011, p. 1197-1203.

- Plett J. M., Martin F., et al., 《*Effector MiSSP7 of the mutualistic fungus Laccaria bicolor stabilizes the Populus JAZ6 protein and represses jasmonic acid (JA) responsive genes*》, *Proceedings of the National Academy of Sciences of the United States of America*, vol. 111, mai 2014, p. 8299-8304.

10장 숲의 청소부, 덕다리버섯

- Allmer J., Vasiliauskas R., Ihrmar K., Stenlid J., et Dahlberg A., 《Wood- inhabiting fungal communities in woody debris of Norway spruce (Picea abies (L.) Karst.) as refl ected by sporocarps, mycelial isolations and T- RFLP identification》, FEMS Microbiology and Ecology, vol. 55, mars 2006, p. 57-67.
- Balasundaram S. V., Skrede I., et al., 《The fungus that came in from the cold : dry rot's pre- adapted ability to invade buildings》, ISME Journal, vol. 12, mars 2018, p. 791-801.
- Baldrian P., et Valášková V., 《Degradation of cellulose by basidiomycetous fungi》, FEMS Microbiology Reviews, vol. 32, mai 2008, p. 501-521.
- Floudas D., et al., 《The Paleozoic origin of enzymatic lignin decomposition reconstructed from 31 fungal genomes》, Science, vol. 336, juin 2012, p. 1715-1719.
- Heilmann-Clausen J., Dalsgaard B., et al., 《Citizen science data reveal ecological, historical and evolutionary factors shaping interactions between woody hosts and wood-nhabiting fungi》, New Phytologist, vol. 212, decembre 2016, p. 1072-1082.
- Kubartova A., Ottosson E., Dahlberg A., et Stenlid J., 《Patterns of fungal communities among and within decaying logs, revealed by 454 sequencing》, Molecular Ecology, vol. 21, septembre 2012, p. 4514-4532.
- Petit M., Dans le blanc des yeux. Masques primitifs du Nepal, Issy-les-Moulineaux, Beaux Arts Editions, 2010.
- Voříšková J., Brabcova V., Cajthaml T., et Baldrian P., 《Seasonal dynamics of fungal communities in a temperate oak forest soil》, New Phytologist, vol. 201, janvier 2014, p. 269-278.

11장 초원의 왕, 양송이버섯

- Martin F., Tous les champignons portent- ils un chapeau?, ouvr. cite.
- Silar P., et Malagnac F., Les Champignons redecouverts, ouvr. cite.

12장 숨바꼭질의 명수, 트러플

- Bonfils P., Berenguel M., Chondroyannis P., et Vigneron C., 《Visite de la cedraie de la *foret communale de Bedoin sur le mont Ventoux*》, *Foret mediterraneenne*, t. X, 1988, p. 107-119.

- Chevalier G., et Frochot H., *La Truffe de Bourgogne (Tuber uncinatum Chatin)*, Petrarque, 2002.
- De la Varga H., Murat C., *et al.*, 《*Five years investigation of female and male genotypes in Perigord black truffl e (Tuber melanosporum Vittad.) revealed contrasted reproduction strategies*》, *Environmental Microbiology Reports*, vol. 19, juillet 2017, p. 2604-2615.
- Le Tacon F., *Les Truffes. Biologie, ecologie et domestication*, Paris, AgroParisTech, 2017.
- Martin F., *et al.*, 《*Perigord black truffl e genome uncovers evolutionary origins and mechanisms of symbiosis*》, *Nature*, vol. 464, avril 2010, p. 1033-1038.
- Olivier J.-M., Savignac J.-C., et Sourzat P., *Truffe et truffi culture*, Montignac, Fanlac, 2012.
- Rubini A., Belfiori B., Riccioni C., Arcioni S., Martin F., et Paolocci P., 《Tuber melanosporum: *mating type distribution in a natural plantation and dynamics of strains of different mating types on the roots of nursery- inoculated host plants*》, *New Phytologist*, vol. 189, fevrier 2011, p. 723-735.

13장 아름답지만 의존적인 난초

- Boullard B., *Un biologiste d'exception : Noel Bernard* (1874-1911), Universite de Rouen, 1985.
- Julou T., Burghardt B., Gebauer G., Berveiller D., Damesin C., et Selosse M.-A., 《*Mixotrophy in orchids : insights from a comparative study of green individuals and nonphotosynthetic individuals of Cephalanthera damasonium*》, *New Phytologist*, vol. 166, mai 2005, p. 639-653.
- Leake J. R., 《*The biology of myco-heterotrophic ('saprophytic') plants*》, *New Phytologist*, vol. 127, juin 1994, p. 171-216.
- Martos F., Munoz F., Pailler T., Kottke I., Gonneau C., et Selosse M.-A., 《*The role of epiphytism in architecture and evolutionary constraint within mycorrhizal networks of tropical orchids*》, *Molecular Ecology*, vol. 21, octobre 2012, p. 5098-5109.
- Selosse M.-A., Faccio A., Scappaticci G., et Bonfante P., 《*Chlorophyllous and achlorophyllous specimens of Epipactis microphylla (Neottieae, Orchidaceae) are associated*

with ectomycorrhizal septomycetes, including truffl es》, *Microbial Ecology*, vol. 47, mai 2004, p. 416-426.

- Selosse M.-A., et Roy M., 《*Green plants that feed on fungi: facts and questions about mixotrophy*》, *Trends in Plant Science*, vol. 14, fevrier 2009, p. 64-70.

14장 자연이 걸친 아름다운 옷, 지의류

- Lacarriere J., *Lapidaire. Lichens*, Saint-Clement-de-Riviere, Fata Morgana, 1985.
- Martin F., *Tous les champignons portent- ils un chapeau?*, ouvr. cite.
- Van Haluwyn C., Asta J., et Michel B., *Guide des lichens de France. Lichens des roches*, Paris, Belin, 2016.

15장 곤충의 동반자, 흰개미버섯

- 《*Identifi er les maladies et les ravageurs*》, portail e- phytia de l'Inra.
- Aanen D. K., Eggleton P., Rouland- Lefevre C., Guldbergfrøslev T., Rosendahl S., et Boomsma J. J., 《*The evolution of fungus- growing termites and their mutualistic fungal symbionts*》, *Proceedings of the National Academy of Sciences of the United States of America*, vol. 99, novembre 2002, p. 14887-14892.
- Corbara B., 《*Les pieges des fourmis Allomerus*》, *Insectes*, vol. 15, 2005, p. 15-17.
- Da Costa R., Poulsen M., et al., 《*Enzyme activities at different stages of plant biomass decomposition in three species of fungus- growing termites*》, *Applied and Environmental Microbiology*, vol. 84, mars 2018.
- Dejean A., Solano P. J., Ayroles J., Corbara B., et Orivel J., 《*Insect behaviour. Arboreal ants build traps to capture prey*》, *Nature*, vol. 434, avril 2005, p. 973.
- Kurz W. A., Safranyik L., et al., 《*Mountain pine beetle and forest carbon feedback to climate change*》, *Nature*, vol. 452, avril 2008, p. 987-990.
- Poulsen M., 《*Towards an integrated understanding of the consequences of fungus domestication on the fungus- growing termite gut microbiota*》, *Environmental Microbiology*, vol. 17, aout 2015, p. 2562-2572.
- Poulsen M., Zhang G., et al., 《*Complementary symbiont contributions to plant decomposition in a fungus- farming termite*》, *Proceedings of the National Academy of Sciences of the United States of America*, vol. 111, octobre 2014, p. 14500-14505.

- Ranger C. M., Benz J. P., et al., 《Symbiont selection via alcohol benefi ts fungus farming by ambrosia beetles》, *Proceedings of the National Academy of Sciences of the United States of America*, vol. 115, avril 2018, p. 4447-4452.
- Sauvion N., Catayud P.-A., Thiery D., et Marion- Poll F., *Interactions insectes- plantes*, Versailles, Quae/IRD Editions, 2013.

16장 숲의 미래

- 《La foret face au changement climatique : menaces et opportunites》, *Symbiose : le magazine AgroParisTech Alumni*, no 4, mai 2012.
- 《La foret face au rechauffement climatique》 dans *Changement climatique*, dossier 《Grand public》, Inra, octobre 2012.
- *Forets et changements climatiques, dossier* 《L'action de la FAO face au changement climatique》, FAO (organisation des Nations unies pour l'alimentation et l'agriculture), 2016.
- *Memento de l'inventaire forestier*, Institut national de l'information geographique et forestiere (IGN), 2017.
- Dupouey J.-L., 《Gestion des forets temperees, changement climatique et biodiversite》 dans Le Maho Y., Lebreton J.-D., et Lavorel S., *Les Mecanismes d'adaptation de la biodiversite aux changements climatiques et leurs limites*, Paris, Editions de l'Academie des Sciences, 2017.
- Lallemand F., et Guerin A.-J., 《Quel avenir pour la foret europeenne face au changement climatique et a l'objectif de neutralite carbone?》, *Revue forestiere francaise*, vol. 69, Paris, AgroParisTech, 2017, p. 259-271.
- Le Bouler H., 《Foret et changements climatiques. Associer les concepts de niche ecologique et de station forestiere pour comprendre et preparer l'avenir》, *Innovations agronomiques*, vol. 41, 2014, p. 129-139.
- Lenoir J., Ge gout J.-C., Marquet P. A., De Ruffray P., et Brisse H., 《A signifi cant upward shift in plant species optimum elvation during the 20th century》, *Science*, vol. 320, juin 2008, p. 1768-1771.
- Lenoir J., et Gegout J.-C., 《La remontee de la distribution altitudinale des especes vegetales forestieres temperees en lien avec le rechauffement climatique recent》, *Revue*

forestiere francaise, vol. 62, Paris, AgroParisTech, 2012, p. 465-476.

- Seidl R., Dullinger S., *et al.*, 《*Invasive alien pests threaten the carbon stored in Europe's forests*》, Nature *Communications*, vol. 9, avril 2018, p. 1626.

- Terrer C., Prentice I. C., et al., 《*Mycorrhizal association as a primary control of CO2 fertilization effect*》, *Science*, vol. 353, juillet 2016, p. 72-74.

- Tesson S., *Sur les chemins noirs*, Paris, Gallimard, 2016.

- Vennetier M., 《Changement climatique et deperis sements forestiers : causes et consequences》, dans Corvol A., *Changement climatique et modifi cation forestiere*, Paris, CNRS, 2012, p. 50-60.

- Walker T., 《*Giants in the face of drought*》, *The Atlantic*, 27 novembre 2016.

- Zep, *The End*, Paris, Rue de Sevres, 2018.